动物育种与繁殖技术研究

邢 凤 著

东北林业大学出版社

Northeast Forestry University Press

·哈尔滨·

图书在版编目（CIP）数据

动物育种与繁殖技术研究 / 邢凤著. —哈尔滨：
东北林业大学出版社，2023.6

ISBN 978-7-5674-3232-1

Ⅰ.①动… Ⅱ.①邢… Ⅲ.①动物－遗传育种
②动物－繁殖 Ⅳ.①Q953②S814

中国国家版本馆CIP数据核字（2023）第120429号

责任编辑：任兴华
封面设计：鲁　伟
出版发行：东北林业大学出版社
　　　　　（哈尔滨市香坊区哈平六道街 6 号　邮编：150040）
印　　装：廊坊市广阳区九洲印刷厂
开　　本：787 mm × 1 092 mm　1/16
印　　张：13.5
字　　数：225千字
版　　次：2023年 6 月第 1 版
印　　次：2023年 6 月第 1 次印刷
书　　号：ISBN 978-7-5674-3232-1
定　　价：57.00元

如发现印装质量问题，请与出版社联系调换。（电话：0451-82113296　82191620）

前　　言

　　动物繁殖技术是畜牧业生产中的关键技术环节，在优质、高产、高效的现代畜禽繁育技术中占有重要的地位。

　　早在 20 世纪中后期，人工授精技术就已成为家畜改良的重要手段，并在传统畜牧业生产中发挥了重要的作用，产生了巨大的经济效益。时至今日，人工授精技术仍然是动物生产领域推广范围最广、普及率最高的动物繁殖技术。因此有人把人工授精技术称为动物繁殖技术领域的"第一次革命"。

　　20 世纪 70 年代后，胚胎移植技术也逐步发展到了实用阶段，并在良种家畜的快速繁育中发挥了突出的作用。目前，在美国、加拿大、澳大利亚等畜牧业发达的国家，40%~50% 的荷斯坦优秀种公牛都是由胚胎移植培育的。此外，胚胎移植技术也是其他繁殖高新技术（如转基因、克隆等）的操作基础，故有人称之为动物繁殖技术领域的"第二次革命"。

　　近年来，我国的畜牧业步入快速发展阶段，尤其是奶牛和肉羊的发展势头迅猛，对实用繁殖新技术要求迫切。为此，作者查阅了大量书籍和文献，结合研究成果撰写了此书，供读者参阅。

　　由于作者水平有限，不足之处在所难免，恳请读者批评指正。

作　者

2023 年 6 月

目　　录

绪　　论

农业是国民经济的基础，畜牧业在农业中占了很大比例，研究、改进、提高动物繁殖技术，可以增加动物的数量，为发展畜牧业服务。动物繁殖技术主要是研究动物的繁殖规律，并以生殖生理学方面的研究为基础，对动物繁殖技术进行调控，达到提高繁殖技术、增加繁殖效益、提高繁殖潜能的目的。

一、动物繁殖技术概述

1. 动物繁殖技术的概念

（1）繁殖：以生理学为基础，通过两性生殖细胞的结合，繁衍后代。

（2）动物繁殖技术：以繁殖生理为基础，以动物繁殖现象和规律为研究对象，对繁殖过程进行人为控制的技术。

（3）动物繁殖学：研究动物生殖活动及其调控规律和调控技术的科学，是加强动物品种改良、保证畜牧业快速发展的重要手段，是现代动物科学中研究最活跃的学科之一。

（4）家畜的繁殖周期：母畜从胎儿出生至成年，然后配种并分娩产生仔畜的过程。母畜的繁殖周期包括了初情期、性成熟、发情、配种、妊娠、分娩、哺乳等阶段。

2. 研究动物繁殖的意义

（1）提高生产效率、快速扩繁，通过诱导发情、双胎技术、超数排卵技术、人工授精技术等提高生产效率。通过繁殖障碍的防治、繁殖现代化管理等可减少损失。

（2）提高良种覆盖率、提高畜种质量。优秀公畜通过人工授精，后裔鉴定，选择优良的后代。提高畜种质量是杂交育种的目的。通过超数排卵与胚胎移植技术，在较短的时间内产生较多的优秀后代，提高繁殖效率几倍到上百倍。

（3）减少生产资料的占有量。人工授精可减少公畜饲养量，减少饲料消耗，节约成本。奶牛在自然交配时，公母比例为1∶（10~20）。而采用人工授精，每头牛每天采得的精液，可制作冷冻精液200份以上，每年可产生2万头以上的后代。目前，全世界奶牛人工授精已接近100%。

二、动物繁殖技术的发展简史

1. 试验阶段

1780年，意大利生理学家斯巴兰扎尼第一次用狗做人工授精的试验，此后，直到19世纪末和20世纪初，对马的人工授精试验才成功，然后应用于牛、羊。到20世纪30年代，已经初步形成了一套较为完整的人工授精操作方法。1936年，丹麦农业学家及兽医学院的莎若森教授吸取苏联人工授精的经验，办起了第一个人工授精合作社。

2. 实用阶段

20世纪40~60年代，世界许多国家，如苏联、美国、日本、英国、丹麦、荷兰、加拿大等国十分重视动物繁殖技术的研究和应用。

1941年，罗马大学生理学家阿曼教授设计犬用假阴道获得了成功，后来苏联人伊凡诺夫在此基础上创造了第一代马、牛用假阴道，完善了精液处理方法，从此人工授精由试验转入实用阶段。

3. 快速发展阶段

1949年，英国的司密斯和波尔基研究牛精液的冷冻保存方法获得成功。1951年，生下了第一头用冷冻精液受胎的牛犊，是世界动物繁殖发展史上的里程碑。

20世纪50年代中期，兴起了牛人工授精技术，之后应用于羊、马和猪。20世纪60年代，用液氮（-196℃）保存精液获得成功，使人工授精发展到一个新阶段。20世纪70年代，胚胎移植技术产生并兴起，开始应用于奶牛，之后用于其他动物。20世纪80年代，体外受精技术在动物上得到应用。20世纪90年代以来，动物克隆、胚胎干细胞、性别控制、基因工程、生殖免疫等技术在动物繁殖上得到应用。

三、我国人工授精发展的情况

我国西周时期就具备了家畜阉割的技术，在民间流传长久；早在 2000 多年前的春秋战国时期，中国人就懂得将中药用于母畜催情。

人工授精在中华人民共和国成立前研究很少，仅在 1935 年江苏句容种马场试验成功，1940 年初用于绵羊和牛，中华人民共和国成立后得以大发展。

首先是马和绵羊的人工授精技术在东北、西北开展起来，扩大良种，提高性能，此后转向奶牛，至 1957 年大中城市奶牛均采用人工授精技术；20 世纪 70 年代冷冻精液发展起来。

1977 年，全国范围内推广牛冻精。20 世纪 80 年代中期，全国推广了猪的人工授精。目前，全国主要省份都有冷冻精液站，都配备了各型号液氮容器，一些冻精还向东南亚出口。

四、动物繁殖技术的研究内容

1. 繁殖生理

繁殖生理是研究生殖过程的现象、规律和机制，包括性别分化、性发育、性行为、配子（精子、卵子）发生、受精、胚胎发育、妊娠、分娩等整个繁殖过程中的各种生殖现象及机制。

2. 繁殖技术

繁殖技术包括同期发情、超数排卵、胚胎移植、人工授精、体外受精、显微受精、胚胎分割、性别控制、动物克隆、发情鉴定、妊娠诊断、生殖免疫等技术。

3. 繁殖管理

从群体角度研究提高动物繁殖效率的理论与技术措施，包括繁殖管理指标、繁殖管理技术及繁殖技术标准化等内容。

4. 繁殖障碍及其防治

从畜牧学的角度分析动物繁殖障碍的发病率和病因，探讨防治繁殖障碍的方法与技术措施，与兽医产科学既有联系又有区别。

五、动物繁殖技术对发展畜牧业的作用

（1）通过动物繁殖技术的学习，能够掌握动物生殖生理的规律与现代繁殖技术的原理与方法，提高繁殖力，增加动物生产的经济效益。

（2）有利于学好其他专业知识，如养牛学、养羊学、养猪学、养禽学等学科都会应用到繁殖技术。

动物繁殖技术在 20 世纪中叶取得了突飞猛进的发展，到目前为止，家畜的人工授精和冷配已相当普及，家畜繁殖过程的部分环节如生殖细胞的发生、受精、妊娠、分娩、泌乳等活动都可利用激素进行人为控制。目前，世界上多数国家都在应用动物的人工授精，而胚胎移植、胚胎分割和克隆等繁殖技术也在大量研究，为丰富人类的肉食品生产做出积极的贡献。动物繁殖技术对畜牧业的发展具有越来越重要的作用。

第一章 动物的生殖器官

第一节 雄性动物生殖器官

雄性动物的生殖器官由睾丸、附睾、输精管、副性腺、尿生殖道、阴茎和包皮组成。

一、睾丸

（一）睾丸的形态和位置

正常雄性动物的睾丸成对存在，均为长卵圆形。不同种动物睾丸的大小、重量有较大差别，猪、绵羊和山羊的睾丸相对较大，牛的睾丸相对较小。如猪的睾丸重量为 900~1 000 g，占体重的 0.34%~0.38%，绵羊的睾丸重量为 400~500 g，占体重的 0.57%~0.70%，而牛的睾丸重量为 550~650 g，占体重的 0.08%~0.09%。牛、羊睾丸的长轴和地面垂直，马、驴睾丸的长轴与地面平行，猪睾丸的长轴与地面倾斜，前低后高。

成年公畜两个睾丸分居于阴囊的两个腔内。阴囊皮肤有丰富的汗腺，肉膜能调整阴囊壁的厚薄及其表面面积，提睾肌能改变睾丸与腹腔的距离。当外界气温高时，阴囊肉膜松弛，睾丸位置降低，阴囊变薄，散热表面积增加，有利于散热；当外界气温低时，肉膜皱缩，同时提睾沿肌收缩，使阴囊壁变厚并使睾丸靠近腹壁，有利于保温。

动物在发育过程中，在胎儿期睾丸就由腹腔沿腹股沟管下降进入阴囊内。各种公畜睾丸下降进入阴囊的时间：牛、羊在胎儿期的中期，猪在胎儿期的后 1/4 期，马在出生前后。成年公畜如果一侧或两侧睾丸并未下降进入阴囊，称为隐睾。隐睾睾丸的内分泌机能虽然未受破坏，但由于睾丸所处环境的温度偏高，影响精子产生，从而影响生殖机能。如果是双侧隐睾，虽然可能有性欲，但无生殖能力。

（二）睾丸的组织结构

睾丸的表面被覆以浆膜（即固有鞘膜），其下为致密结缔组织构成的白膜。白膜由睾丸的一端（和附睾头相接触的一端）形成一条结缔组织索伸向睾丸实质，构成睾丸纵隔。纵隔向四周发射出许多放射状结缔组织小梁伸向白膜，称为中隔，将睾丸实质分成许多锥形小叶，每个小叶内有 2~3 条曲细精管。曲细精管在各小叶的尖端各自汇合成为精直小管，穿入纵隔结缔组织内形成睾丸网（马无睾丸网），最后在睾丸网的一端又汇成 10~30 条睾丸输出管，穿过白膜，形成附睾头。

曲细精管的管壁由外向内是由环形排列的结缔组织纤维、基膜和复层生殖上皮构成。上皮主要由两种细胞构成，即产生精子的生精细胞和起支持营养作用的支持细胞（足细胞）。在小叶内，精细管之间有疏松结缔组织，内含血管、淋巴管、神经和间质细胞。间质细胞能分泌雄激素。

（三）睾丸的生理机能

1.产生精子

曲细精管生殖上皮的生精细胞（精原细胞）是直接形成精子的细胞，它经增殖、分裂，最后形成精子。精子随曲细精管的液流输出，经精直小管、睾丸网、睾丸输出管到达附睾。公牛每克睾丸组织平均每天可产生精子 1 300 万 ~1 900 万个，公猪 2 400 万 ~3 100 万个，公羊 2 400 万 ~2 700 万个。

2.分泌雄激素

间质细胞分泌的雄激素能激发雄性动物的性欲及性兴奋，刺激第二性征，促进阴茎及副性腺的发育，维持精子发生及附睾内精子的存活。雄性动物在性成熟前阉割会使生殖器官的发育受到抑制，成年后阉割会发生生殖器官结构和性行为的退化。

二、附睾

（一）附睾的形态构造

附睾位于睾丸的附着缘，由头、体、尾三部分组成。附睾头膨大，在此睾丸输出管汇成一条附睾管，继续延伸构成附睾体。在睾丸的远端，附睾体延续并转

为附睾尾，其中附睾管弯曲减少，最后逐渐过渡为输精管。附睾管的长度：牛为
30~50 m，羊为 35~50 m，猪为 17~18 m，马为 20~30 m。管腔直径为 0.1~0.3 mm。

（二）附睾的生理机能

1. 促进精子成熟

睾丸曲细精管内产生的精子，刚进入附睾头时，颈部常有原生质滴，活动微
弱，基本没有受精能力。精子通过附睾时，原生质滴向尾部中段移动并脱落，达
到最后成熟，其活力和受精能力增强。精子通过附睾时，附睾管分泌的磷脂质和
蛋白质包被在精子表面，形成脂蛋白膜，可保护精子，防止精子膨胀，抵抗外界
环境的不良影响。

2. 吸收作用

附睾头和附睾体的上皮细胞具有吸收水分的功能。来自睾丸较稀薄的精子悬
浮液经过附睾管时，其大部分水分被上皮细胞吸收，因而到附睾尾时，就成为极
浓的精液。

3. 运输作用

来自睾丸的精子借助于附睾管纤毛上皮的活动和管壁平滑肌的蠕动，将精
子自附睾头运送至附睾尾。精子通过附睾管的时间：牛 10 d，绵羊 13~15 d，猪
9~12 d，马 8~11 d。

4. 贮存作用

精子主要贮存在附睾尾。由于附睾内为弱酸性（pH 值为 6.2~6.8）环境，渗
透压偏高，温度较低，因此附睾内精子代谢很弱，基本处于休眠状态。

三、输精管

输精管由附睾尾延续而成，它与通向睾丸的血管、淋巴管、神经、睾丸提肌
共同组成精索，经腹股沟管上行进入腹腔，转向后进入骨盆腔。两条输精管沿骨
盆腔侧壁移行至膀胱背侧逐渐变粗，形成输精管壶腹（马、牛、羊的壶腹比较发
达，而猪无壶腹部）。壶腹部的黏膜内含腺体（壶腹腺），其分泌物也是精液的组
成成分。输精管壶腹末端变细，与精囊腺的排泄管共同开口于尿生殖道起始部背
侧的精阜。输精管的肌肉层较厚，交配时凭借强有力的收缩将精子排出。

四、副性腺

副性腺包括精囊腺、前列腺和尿道球腺。射精时，它们的分泌物加上输精管壶腹的分泌物混合在一起称为精清，与精子共同组成精液。

（一）副性腺的形态、位置与结构

1. 精囊腺

精囊腺成对存在，位于输精管末端的外侧。牛、羊、猪的精囊腺为致密的分叶状腺体，腺体组织中央有一较小的腔；马的为长圆形盲囊，其黏膜层富含分支的管状腺；猪的精囊腺最发达，狗、猫和骆驼则没有精囊腺。精囊腺的排泄管和输精管共同开口于精阜，形成射精孔。

2. 前列腺

前列腺位于尿生殖道起始部的背侧，由体部和扩散部组成。体部（羊无体部）位于尿生殖道起始部的背侧，扩散部位于尿生殖道骨盆部的壁内。这两部以许多导管成行地开口于精阜后方的尿生殖道内。前列腺因动物年龄而有变化，幼龄时较小，性成熟时较大，老龄时又逐渐萎缩。

3. 尿道球腺

尿道球腺位于尿生殖道骨盆部后端的背外侧，左右成对。猪的体积最大，呈圆筒状；马的次之；牛、羊的最小，呈球状埋藏在海绵肌内，其他雄性动物则为尿道肌覆盖。一侧尿道球腺一般有一个排出管，通入尿生殖道的背外侧顶壁中线两侧。只有马的每侧有 6~8 个排出管，开口形成两列小乳头。

（二）副性腺的生理机能

1. 冲洗尿生殖道，为精子通过做准备

交配前阴茎勃起时，所排出的少量液体主要由尿道球腺分泌，它可以冲洗尿生殖道中残留的尿液，使通过尿生殖道的精子避免受到尿液的危害。

2. 稀释精子

由附睾排出的精子，其周围只有少量液体，待与副性腺分泌物混合后，精子即被稀释，从而扩大了精液容量。精液中，精清占精液容量的比例约为：牛85%、羊 70%、猪 93%、马 92%。

3. 为精子提供能量

精子内的某些营养物质是与副性腺分泌物混合后才得到的，如附睾内的精子不含果糖，当精子与精清（特别是精囊腺分泌物）混合时，果糖即很快地扩散入精子细胞内。果糖的分解是精子代谢的主要能量来源。

4. 活化精子

副性腺分泌物一般偏碱性，而碱性环境能刺激精子的活力。副性腺分泌物中的某些成分能够在一定程度上吸收精子活动所排出的 CO_2，从而可在一定程度上维持精液的偏碱性，以利于精子的运动。

5. 运送精子到体外

借助于附睾管、副性腺平滑肌及尿生殖道肌肉的收缩，将精液射出。在精液排出过程中，副性腺分泌物运送精子排出体外。

6. 缓冲不良环境对精子的危害

副性腺分泌物中含有柠檬酸盐及磷酸盐，这些物质具有缓冲作用，可以保护精子，延长精子的存活时间，保持精子的受精能力。

7. 防止精液倒流

有些雄性动物的精液在自然交配时有凝固现象，可以防止精液倒流。这种凝固成分有的来自精囊腺（如马），有的来自尿道球腺（如猪），并与酶的作用有关。

五、尿生殖道

尿生殖道是尿液和精液共同的排出管道，可分为骨盆部和阴茎部两个部分。骨盆部由膀胱颈直达坐骨弓，位于骨盆底壁，为一长的圆柱形管，外面包有尿道肌。阴茎部位于阴茎海绵体腹面的尿道沟内，外面包有尿道海绵体和球海绵体肌。

射精时，从壶腹聚集来的精子在尿道骨盆部与副性腺的分泌物相混合，在膀胱颈部的后方，有一个小的隆起，即精阜，在其上方有壶腹和精囊腺导管的共同开口。精阜主要由海绵组织构成，它在射精时可以关闭膀胱颈，从而阻止精液流入膀胱。

六、阴茎

阴茎为雄性的交配器官，主要由勃起组织及尿生殖道阴茎部组成，自坐骨弓沿中线先向下再向前延伸，达于脐部。阴茎自后向前分为阴茎根、阴茎体和阴茎头三部分。阴茎的后端称阴茎根，阴茎根借左右阴茎脚（阴茎海绵体的起始部）附着于坐骨弓的腹后缘；阴茎体由背侧的两个阴茎海绵体及腹侧的尿道海绵体构成；阴茎前端称阴茎头（龟头），主要由龟头海绵体构成。

各种动物的阴茎呈粗细不等的长圆锥形，龟头的形状各异。牛、羊的阴茎较细，在阴囊之后形成"S"状弯曲。牛的龟头较尖，沿纵轴呈扭转形，在顶端左侧形成沟，尿道突外口位于此；羊的龟头呈帽状隆突，尿道前端有细长的尿道突，突出于龟头前方；猪的阴茎也较细，在阴囊之前形成"S"状弯曲，龟头呈螺旋状，上有一浅的螺旋沟；马的阴茎粗大，海绵体发达，龟头钝而圆，外周形成龟头冠，腹侧有凹的龟头窝，窝内有尿道突。

七、包皮

包皮是由游离皮肤凹陷而发育成的阴茎套。包皮的黏膜形成许多褶，并含有许多弯曲的管状腺，分泌油脂性物质，这种分泌物与脱落的上皮细胞及细菌混合后形成带有异味的包皮垢。牛的包皮较长，包皮口周围有一丛长而硬的包皮毛；猪的包皮很长，包皮口上方形成包皮憩室，常积有尿和污垢，有一种特殊腥臭味；马的包皮形成内外两层皮肤褶，有伸缩性。

在不勃起时，阴茎头位于包皮腔内，包皮有保护阴茎头的作用。当阴茎勃起时，包皮皮肤包在阴茎表面，保证阴茎伸出包皮外。

第二节　雌性动物生殖器官

雌性动物的生殖器官由卵巢、输卵管、子宫、阴道、尿生殖前庭、阴唇、阴蒂等组成。

一、卵巢

（一）卵巢的形态和位置

卵巢是雌性动物重要的生殖器官，其大小、形态和位置因畜种、年龄及雌性动物所处的不同生理繁殖阶段而异。

1. 牛、羊卵巢的形态和位置

牛卵巢为较扁的卵圆形，位于子宫角尖端的两侧。初产或胎次少的母牛，卵巢均位于耻骨前缘之后；经产胎次多的母牛，卵巢随多次妊娠移至耻骨前缘的前下方。羊的卵巢比牛的卵巢圆而小，位置与牛相同。牛、羊的卵巢表面除卵巢系膜附着外，其余表面都被覆有生殖上皮，因此，这些部位都可以排卵。

2. 猪卵巢的形态和位置

猪初生时卵巢呈肾形，色淡红，位于荐骨岬两旁稍后方或在骨盆腔前口两侧的上部；接近性成熟时（4~5月龄），由于许多卵泡发育而呈桑椹形，其位置下垂前移，约位于髋结节前端的横断面上；性成熟后，有大小不等的卵泡、红体和黄体突出于卵巢表面，凹凸不平，似串状葡萄。经产母猪卵巢的位置移向前下方，在膀胱之前，达髋结节前约4 cm的横断面上或在髋结节与膝关节之间中点水平位置。

3. 马卵巢的形态和位置

马卵巢呈蚕豆形，较长，附着缘宽大，游离缘上有凹陷的排卵窝，卵泡均在此凹陷内破裂排出卵子。卵巢由卵巢系膜吊在腹腔腰区肾脏后方，左侧卵巢位于第4、5腰椎左侧横突末端下方，而右侧卵巢位于第3、4腰椎横突之下，比左侧卵巢稍向前，位置较高。

（二）组织结构

卵巢组织由弹性的结缔组织构成，表面为生殖上皮，其下是白膜，白膜下为卵巢实质，分为皮质和髓质两个部分。皮质部包在髓质部的外面，内含许多发育不同阶段的卵泡、红体、白体和黄体，其形状结构因发育阶段不同而有很大变化。皮质的结缔组织含有许多胶原纤维、网状纤维、血管、神经等。髓质部内含有丰富的弹性纤维、小血管、神经、淋巴管等，它们经卵巢门出入，所以卵巢门上没有皮质。卵巢门上有成群较大的上皮细胞，称为门细胞，具有分泌雄激素的功能。

（三）卵巢的生理机能

1. 卵泡发育和排卵

卵巢皮质部分布着许多原始卵泡，它经过初级卵泡、次级卵泡、三级卵泡、成熟卵泡等几个发育阶段，最后成熟卵泡内的卵母细胞由卵巢排出，并在原卵泡腔处形成黄体。不能发育成熟而退化的卵泡，萎缩、闭锁或黄体化。

2.分泌雌激素和孕激素

在卵泡发育过程中，包围在卵泡细胞外的两层卵巢皮质基质细胞形成卵泡膜。卵泡膜分为内膜和外膜，其中的内膜细胞可分泌雌激素，雌激素是导致母畜发情表现的直接因素。排卵后形成的黄体可分泌孕激素，它是维持母畜怀孕所必需的激素之一。

二、输卵管

（一）形态和位置

输卵管位于卵巢和子宫角之间，是一对长而弯曲的细管，是卵子进入子宫必经的通道，由子宫阔韧带外缘形成的输卵管系膜固定。

动物的输卵管可分为漏斗部、壶腹部和峡部3个部分。输卵管的前端（卵巢端）扩大成漏斗状，称为漏斗。漏斗的边缘不整齐，形似花边，称为输卵管伞。牛、羊的输卵管伞不发达，马的输卵管伞较发达，猪的输卵管伞最发达。输卵管伞的一端附着于卵巢的上端（马的附着于排卵窝处），漏斗的中心有输卵管腹腔口，与腹腔相通。输卵管的前1/3段较粗，称为输卵管壶腹部，是卵子受精的地方。壶腹后段变细，称为峡部。

壶腹和峡部连接处叫壶峡连接部。峡部的末端以小的输卵管子宫口与子宫角相通，此处称为宫管连接部。由于牛羊的子宫角尖端细，所以输卵管与子宫角之间无明显分界，发情时在此形成一个明显的弯曲；猪的宫管连接部周围具有长的指状突起，括约肌发达；马的宫管连接部形成一个小乳头。

犬和猫输卵管的特点是先环绕卵巢大致一周，且被包埋在卵巢囊的脂肪中，在延伸出卵巢后与子宫角相连。

（二）组织结构

输卵管管壁从外向内由浆膜、肌层和黏膜构成。肌层从卵巢端到子宫端逐渐增厚，黏膜上有许多纵褶，其大多数上皮细胞表面有纤毛，能向子宫端蠕动，有助于卵子的运行。

（三）生理机能

1. 运送卵子和精子

借助输卵管纤毛的摆动、管壁的分节蠕动和逆蠕动以及纤毛摆动引起的液体流动为动力，将卵子由伞向壶腹部运送，将精子由峡部向壶腹部运送。

2. 输卵管是精子获能、卵子受精和受精卵卵裂的场所

精子在受精前必须在输卵管和子宫内停留一段时间，以获得受精能力；输卵管壶腹部为卵子受精的部位；受精卵边卵裂边向子宫角方向运行。

3. 具有分泌机能

输卵管的分泌物主要是黏多糖和黏蛋白，是精子和卵子运行的运载工具，也是精子、卵子和受精卵的培养液，其分泌受激素的控制，发情时分泌增多。

三、子宫

（一）形态和位置

子宫大部分在腹腔，小部分在骨盆腔，前接输卵管，后接阴道，背侧为直肠，腹侧为膀胱，借子宫阔韧带附着于腰下和骨盆的两侧。子宫颈口突出于阴道，颈管发达，壁厚而硬，直肠检查时容易摸到。多数动物的子宫都是由子宫角、子宫体和子宫颈三部分组成的，但兔的子宫属于双子宫型，两个完全分离的子宫分别开口于阴道，仅有子宫角而无子宫体。

牛两侧子宫角基部内有纵隔将两子宫角分开，称为对分子宫，也称双间子宫。青年及胎次少的母牛，子宫角弯曲如绵羊角，位于骨盆腔内。经产胎次多的母牛子宫有不同程度的展开，垂入腹腔。两角基部之间纵隔处有一纵沟，称角间沟，子宫体短。子宫黏膜上有 70~120 个突出于表面的半圆形子宫阜，阜上没有子宫腺。

羊的子宫与牛的子宫基本相同，只是小些，绵羊的子宫黏膜有时有黑斑，山羊的子宫阜较绵羊的多。羊的子宫阜中央有一凹陷，胎儿胎盘子叶上的绒毛嵌入此凹陷，形成子叶型胎盘。羊的子宫颈为极不规则的弯曲管道。

猪的子宫有两个长而弯曲的子宫角，经产母猪可长达 1.5 m，宽 1.5~3.0 cm，形似小肠。两角基部之间的纵隔不明显，为双角子宫。猪的子宫体短，子宫颈较长，管腔中有若干个断面为半圆形凸起的环形皱襞，后端逐渐过渡为阴道，没有

13

明显的子宫颈阴道部。

马的子宫为双角子宫，无纵隔，似"Y"字形。子宫角为扁圆形，前端钝，中部稍向下垂，大弯在下，小弯在上。子宫体呈扁圆形，特别发达，其前端与子宫角交界处称为子宫底。子宫颈较牛的细，壁薄而软，黏膜上有纵行皱褶。

（二）组织构造

子宫的组织构造从外向里为浆膜、肌层和黏膜三层。浆膜与子宫阔韧带的浆膜相连；肌层由较薄的外纵行肌和较厚的内环行肌构成，肌层间有血管网和神经；黏膜层又称子宫内膜，其上皮为柱状细胞，膜内有分支盘曲的管状腺（子宫腺），子宫腺以子宫角最为发达，子宫体较少，子宫颈则在皱囊之间的深处有腺状结构，其余部分为柱状细胞，能分泌黏液。

（三）生理机能

1.筛选、贮存和运送精子，促进精子获能

雌性动物发情配种时，子宫颈口开张，有利于精子进入，并具有阻止死精子和畸形精子进入子宫的能力，以防止过多的精子到达受精部位。大量的精子可贮存在子宫颈隐窝内。进入子宫的精子借助子宫肌的收缩运送到输卵管，在子宫内膜分泌液的作用下使精子完成获能。

2.有利于孕体附植、胚胎发育，促进分娩

子宫内膜还可供孕体附植，附植后子宫内膜形成母体胎盘，与胎儿胎盘结合，为胎儿的生长发育提供营养。妊娠时，子宫颈柱状细胞分泌黏稠的液体形成栓塞，封闭子宫颈管，防止异物侵入，保护胎儿。分娩前子宫栓塞液化，子宫颈扩张，分娩时子宫以其强力阵缩将胎儿排出。

3.调节卵巢黄体功能，导致发情

配种未孕或发情未配种的雌性动物，在发情周期的一定时间，子宫内膜分泌 PGF20，使卵巢内周期黄体溶解退化，垂体又分泌大量的促卵泡激素，引起卵泡发育，导致再次发情。

四、阴道

阴道位于骨盆腔，背侧是直肠，腹侧为膀胱和尿道。前接子宫，有子宫颈口突入于其中（猪除外），形成一个环形隐窝，称为阴道穹隆或子宫颈阴道部；后接尿生殖前庭，以尿道外口和阴瓣为界，未交配过的幼畜（尤其是马和牛）阴瓣明显。各种动物的阴道长度：牛为 22~28 cm，羊为 8~14 cm，猪为 10~15 cm，马为 20~30 cm。

阴道既是交配器官，也是分娩时的产道。阴道内的生化和微生物环境能保护生殖道免受微生物的入侵。阴道还是子宫颈、子宫黏膜和输卵管分泌物的排出管道。

五、外生殖器官

外生殖器官包括尿生殖前庭、阴唇和阴蒂。

尿生殖前庭是从阴瓣到阴门裂的短管，前高后低，稍为倾斜。牛的尿生殖前庭腹侧有一黏膜形成的盲囊，称为尿道下憩室。前庭大腺开口于侧壁小盲囊，前庭小腺不发达，开口于腹侧正中沟。尿生殖前庭既是产道、尿道，又是交配器官。

阴唇构成阴门的两侧壁，为尿生殖道的外口，位于肛门下方。两阴唇间的开口为阴门裂，阴唇的外面是皮肤，内为黏膜，两者之间有阴门括约肌及大量结缔组织。

阴蒂位于阴门裂下角的凹窝内，由海绵体构成，具有丰富的感觉神经末梢，为退化了的阴茎，马的最发达，猪的长而弯曲，末端为一小圆锥形。

第二章 生殖激素

第一节 生殖激素概述

一、生殖激素的概念

1. 激素

激素（hormone）音译为"荷尔蒙"，最早由 Starling 于 1905 年提出。激素是由有机体产生，经体液循环或空气传播等途径作用于靶器官或靶细胞，具有调节机体生理机能的微量信息传递物质或微量生物活性物质。

2. 生殖激素

在哺乳动物中，几乎所有激素都与生殖机能有关。有的是直接影响某些生殖环节的生理活动；有的则是维持全身的生长、发育及代谢间接保证生殖机能的顺利进行。

那些直接影响生殖机能的激素称为生殖激素。它们直接调节母畜的发情、排卵、生殖细胞在生殖道内的运行、胚胎附植、妊娠、分娩、泌乳、母性以及公畜的精子生成、副性腺分泌、性行为等生殖环节的某一方面。

3. 次发性生殖激素

对生殖活动有间接作用的激素，即通过维持整体正常生理状态而间接地保证生殖活动正常进行的激素。如生长素、促甲状腺素、促肾上腺皮质素、加压素，还有甲状素、皮质素、胰岛素，这些激素都是通过影响机体代谢而间接影响生殖活动。

目前生殖激素研究和应用发展很快，它已在繁殖的各个方面居于首要地位，凡是与繁殖有关的问题均可涉及生殖激素。生殖激素不仅在最新的各项繁殖技术上广泛应用，而且它作为一种调节剂，制成各种激素类药物来调节动物的发情，防治动物繁殖障碍，尤其是治疗不孕症，其效果是非常明显（显著）的，因而得到越来越多的研究者的高度重视。

二、生殖激素的分类

1. 根据来源和功能分类（表2-1）

（1）来自下丘脑的释放激素，可控制垂体合成与释放有关的激素。

（2）来自垂体前叶的促性腺激素，直接关系到配子的成熟与释放，以及刺激性腺产生类固醇激素。

（3）来自性腺（即睾丸和卵巢）的性腺激素，对两性行为以及生殖周期的调节均起着重要的作用。

（4）来自胎盘的一些激素，来自垂体后叶的催产素、前列腺素等。

表2-1 根据激素的产生部位分类

激素名称	化学性质	产生部位	举例
释放激素	多肽	由下丘脑分泌，主要作用于垂体	促性腺激素释放激素、催产素、抗利尿激素等
促性腺激素	蛋白质	由腺垂体或神经垂体产生	促乳素、促黄体素、促卵泡激素、生长激素等
性腺激素	类固醇、蛋白质	由睾丸或卵巢产生	雄激素、雌激素、卵泡抑制素、激动素等
胎盘激素	类固醇、蛋白质、多肽等	由胎盘或其附属物分泌	孕马血清促性腺激素、人绒毛膜促性腺激素、胎盘促乳素等

2. 根据其化学性质分类

（1）含氮激素包括蛋白质、多肽、氨基酸衍生物和胺类等，垂体分泌的所有生殖激素和脑部分泌的大部分生殖激素都属于此类。此外，胎盘和性腺以及生殖器官外的其他组织器官也可分泌蛋白质类和多肽类激素。

（2）类固醇类主要由性腺和肾上腺分泌，对动物性行为和生殖激素的分泌有直接或间接作用。

（3）脂肪酸类主要由子宫、前列腺、精囊腺（前列腺素）和某些外分泌腺体（外激素）所分泌。

三、生殖激素的作用

生殖激素的作用过程较复杂，它既能调节动物生殖生理活动，维持有机体内在环境稳定，又能促进生殖器官与组织的形态变化。

1.具有高效能的生物活性

少量或极微量的生殖激素就可引起很大生理变化，如将 1 pg 的雌二醇直接用到阴道黏膜或子宫内膜上，就会引起阴道或子宫出现明显的收缩。许多生殖激素在相继的作用过程中，表现突出的特点是信号放大作用。往往最初的刺激所引起的变化可能只涉及微小的能量，但在引发一系列生理效应的过程中能逐级增加兴奋量和产物的数量。

2.生殖激素必须与其受体结合后才能产生生物学效应

各种生殖激素均有其一定的靶器官或靶细胞，必须与靶器官中的特异性受体（内分泌激素）或感受器（外激素）结合后才能产生生物学效应。分子较大的激素一般与其靶细胞膜上的受体结合，而分子较小的激素一般与其靶细胞内核膜上的受体结合。受体与激素结合的能力影响生殖激素的生物学活性水平。通常，结合能力越强，激素的生物学活性越高。受体水平或结合能力下降时，激素的生物活性受影响。

3.生殖激素在动物机体中由于受分解酶的作用，其活性丧失很快

生殖激素的生物学活性在体内消失一半时所需时间称为半衰期。半衰期短的生殖激素，一般呈脉冲性释放，在体外必须多次提供才能产生生物学作用。相反，半衰期长的激素（如孕马血清促性腺激素），一般只需 1 次供药就可产生生物学效应。

4.生殖激素间具有协同和抗衡作用

某种生殖激素在另一种或多种生殖激素的参与下，其生物学活性显著提高，这种现象称为协同作用。例如，一定剂量的雌激素可以促进子宫发育，在孕激素的协同作用下子宫发育更加明显。催产素在雌激素的协同作用下可以促进子宫收缩。相反，一种激素如果抑制或减弱另一种激素的生物学活性，则该激素对另一激素具有抗衡作用。例如，雌激素具有促进子宫收缩的作用，而孕激素则可抑制子宫收缩，即孕激素对雌激素的子宫收缩作用具有抗衡效应。

第二节 生殖激素的功能与应用

动物的生殖活动是一个复杂的过程，所有生殖活动都与生殖激素的功能和作用有着密切的关系。随着生殖科学的迅速发展，人类利用生殖激素控制动物繁殖过程、消除繁殖障碍，这将进一步促进繁殖潜力开发，促进规模化养殖，加快品种改良，提高畜牧业生产水平。

一、神经激素

（一）神经激素的概念

某些神经细胞合成及分泌激素的生理现象称为神经内分泌，由某些神经细胞产生的内分泌激素称为神经激素。目前，在哺乳动物中，神经激素包括由丘脑下部的某些神经细胞分泌的丘脑下部释放或抑制激素，由丘脑下部视上核及室旁核分别分泌的后叶加压素和催产素等，对生殖功能均有重要作用。

（二）下丘脑与垂体的关系

下丘脑至垂体并没有直接的神经支配，而是通过来自垂体上动脉的长门脉系统和来自垂体下动脉的短门脉系统将信息传递给垂体。下丘脑分泌的促性腺激素释放激素（GnRH）进入血液后，经垂体门脉系统作用于垂体前叶，促进垂体促黄体素（LH）和促卵泡激素（FSH）的分泌和释放。GnRH可以促进垂体分泌LH和FSH，提供外源激素后数分钟，血液中LH和FSH水平便开始升高。相对而言，GnRH对LH分泌的促进作用比对FSH分泌的促进作用更迅速。LH和FSH对GnRH的分泌具有反馈性抑制作用。

（三）促性腺激素释放激素

促性腺激素释放激素又名促黄体素释放激素，由分布于下丘脑内侧视前区、下丘脑前部、弓状核、视交叉上核的神经内分泌小细胞分泌，能促进垂体前叶分泌LH和FSH。

1.GnRH化学结构

所有哺乳动物下丘脑分泌的GnRH均为10肽，并具有相同的分子结构和生物学效应。禽类、两栖类和鱼类的分子结构与哺乳类略有差异。

2.GnRH 分泌的调节

GnRH 分泌的激素调节包括 3 种反馈机制。性腺类固醇通过体液途径作用于下丘脑，调节 GnRH 的分泌，称为长反馈调节；垂体促性腺激素通过体液途径对下丘脑 GnRH 分泌的调节，称为短反馈调节；血液中 GnRH 浓度对下丘脑的分泌活动也有自身引发效应，称为超短反馈调节。

3.GnRH 的主要生理功能

GnRH 的主要生理功能是促进垂体前叶促黄体素和促卵泡激素的合成和释放，其中以促黄体素的释放为主。GnRH 对雄性动物有促进精子发生和增强性欲的作用，对雌性动物有诱导发情、排卵，提高配种受胎率的功能。

4.GnRH 的应用

临床上常用于治疗雄性动物性欲减弱、精液品质下降，雌性动物卵泡囊肿和排卵异常等症。此外，在母猪和母牛发情配种时或配种后 10 h 内注射 GnRH 或其类似物（100~200 µg），可以提高产仔率和配种受胎率。在鱼类生产中，国内常用 GnRH 类似物（LRH-A1 或 LRH-A2）诱导鱼产卵，剂量一般为 5~10 µg/kg 体重。GnRH 类似物（LRH-A1）用于治疗牛卵巢静止和卵泡囊肿等症，所用剂量分别为 200~400 µg 和 400~600 µg。

二、促性腺激素

（一）垂体促性腺激素

1.促卵泡激素

（1）来源和化学特性。

促卵泡激素（FSH）又叫促卵泡生成素、促滤泡素，由垂体前叶嗜碱性细胞分泌，是一种糖蛋白激素，能溶于水，相对分子质量为 25 000~30 000。

（2）促卵泡激素分泌的调节。

促卵泡激素的合成和分泌受下丘脑 GnRH 和性腺激素的调节。来自下丘脑的 GnRH 脉冲式释放，经垂体门脉系统进入垂体前叶，促进 FSH 的合成和分泌，而来自性腺的类固醇激素则通过下丘脑对 FSH 的释放呈负反馈抑制作用。

（3）促卵泡激素的生理功能。

①促进卵巢生长，增加卵巢重量；刺激卵泡生长发育，在 LH 协同下，促进排卵和颗粒细胞黄体化。

②促进生精上皮细胞发育和精子产生，与 LH 协同，促进精子形成。

③促进卵泡颗粒细胞的增生和雌激素的合成与分泌。

（4）促卵泡激素的应用。

①用于动物超数排卵。

② FSH 可诱发季节性繁殖的牛、羊在非繁殖季节发情和排卵。

③治疗母畜不发情：FSH 可治疗母畜如牛、羊因卵巢静止、卵巢发育不全、卵巢萎缩等引起的不发情。

④使动物的性成熟提早：FSH 与孕激素配合使用，对接近性成熟的母畜可促使其提早发情配种。

2. 促黄体素

（1）来源和化学特性。

促黄体素（LH）由垂体前叶嗜碱性细胞分泌，是一种糖蛋白，水溶性，相对分子质量约为 30 000。

（2）促黄体素的生理功能。

① LH 可促进雌性动物卵泡的成熟和排卵。

② LH 促进排卵后的颗粒细胞黄体化，促使黄体细胞分泌黄体酮，LH 可刺激牛、羊黄体释放黄体酮，故又称促黄体分泌素。

③ LH 刺激卵泡内膜细胞产生雄激素。

④ LH 刺激雄性动物睾丸间质细胞合成和分泌睾酮，因此促黄体素又叫间质细胞素（ICSH），对副性腺的发育和精子最后成熟具有重要作用。

（3）促黄体素的应用。

①诱导排卵：对非自发性排卵的动物，为获得其卵子或人工授精，可在发情旺期或人工授精时静脉注射 LH，一般可在 24 h 内排卵。在胚胎移植工作中，为了获得较多的胚胎数，常在供体配种的同时静脉注射 LH，以促进排卵。

②预防流产：对于由黄体发育不全引起的胚胎死亡或习惯性流产，可在配种时和配种后连续注射 2~3 次 LH，可促使黄体发育和分泌，防止流产。

③治疗卵巢疾病：LH 对排卵延迟、不排卵和卵泡囊肿有较好疗效。对已知患排卵延迟或不排卵的母畜，配种的同时注射 LH，以促进排卵。卵泡囊肿时应

用 LH 可促使其黄体化，使下次发情周期恢复正常。

④治疗公畜不育：LH 对公畜性欲减退、精子浓度不足等疾病有一定疗效。

3. 促乳素

（1）来源与化学特性。

促乳素又名催乳素，由垂体前叶的嗜酸性的促乳素细胞分泌，通过垂体门脉系统进入血液循环。哺乳动物的促乳素为 199 个氨基酸残基组成的单链蛋白质，相对分子质量为 22 500 左右。

（2）生理功能。

促乳素可以促黄体分泌黄体酮（绵羊、大鼠），促乳腺发育和泌乳。另外，促乳素可促进鸽子等鸟类的嗉囊发育，分泌嗉囊乳（哺喂雏鸽）。可增强某些动物的繁殖行为，增强雌性动物母性行为，如禽类抱窝性、鸟类反哺行为、家兔产前脱毛选窝等。对雄性动物，可维持睾酮分泌和刺激性腺分泌等。

4. 催产素

（1）来源、转运与化学特性。

催产素是由下丘脑合成、在神经垂体中贮存并释放的下丘脑激素。早期出版的一些书主要根据其释放部位而将其称为垂体后叶素或垂体后叶激素。

（2）生理功能。

催产素的主要生理功能表现在以下 4 个方面。

①催产素可以刺激哺乳动物乳腺肌上皮细胞收缩，导致排乳。当幼畜吮乳时，生理刺激传入脑区，引起下丘脑活动，进一步促进神经垂体呈脉冲性释放催产素。在给奶牛挤奶前按摩乳房，就是利用排乳反射引起催产素水平升高而促进乳汁排出。

②催产素可以刺激子宫平滑肌收缩。母畜分娩时，催产素水平升高，使子宫阵缩增强，迫使胎儿从阴道产出。产后幼畜吮乳可加强子宫收缩，有利于胎衣排出和子宫复原。

③催产素可以刺激子宫分泌 PGF2α，引起黄体溶解而诱导发情。

④催产素还具有加压素的作用，即具有抗利尿和升高血压的功能。同样，加压素也具有微弱催产素的作用。

（3）临床应用。

①引起子宫收缩：催产素常用于促进分娩，治疗胎衣不下、子宫脱出、子宫

出血和子宫内容物（如恶露、子宫积脓）的排出等。事先用雌激素处理，可增强子宫对催产素的敏感性。催产素用于催产时必须注意用药时期，在产道未完全扩张前大量使用催产素易引起子宫撕裂。

②刺激乳腺泡的肌上皮细胞收缩，松弛乳腺大导管的平滑肌，使乳汁从腺泡中通过腺管进入乳池，促使排乳。

③催产素可增加输卵管的蠕动，对发情、排卵有抑制作用，可促进雌性生殖道的收缩。在人工授精中，可以加速精子在雌性生殖道中的运行，增加受胎率。

（二）胎盘促性腺激素

1. 孕马血清促性腺激素

（1）来源与特性。

孕马血清促性腺激素（PMSG）主要由马属动物胎盘的子宫内膜杯细胞分泌，是胚胎的代谢产物，存在于血清中。该激素在妊娠40 d左右开始出现，以后逐渐增加，以60~80 d含量达到高峰，此后逐渐下降，至170 d几乎完全消失。血清中PMSG含量因品种不同而异，轻型马最高，重型马最低，兼用马居中。此外，胎儿的基因型对其分泌量影响也较大，如驴怀骡分泌量最高，马怀马次之，马怀骡再次之，驴怀驴最低。

PMSG是一种糖蛋白激素，含糖量很高，可达45%。其相对分子质量为53 000。PMSG的分了不稳定，高温、酸、碱等都能引起失活，分离提纯也比较困难。

（2）生理作用。

PMSG具有类似FSH和LH的双重活性，但以FSH为主。因此，PMSG对雌性动物有着明显的促进卵泡发育、排卵和促进黄体形成功能；对雄性动物有促进曲精细管发育和性细胞分化的作用。

（3）应用。

①用于超数排卵：用PMSG代替价格较贵的FSH进行超数排卵可取得一定效果。但由于PMSG半衰期长，在体内不易被清除，一次注射后可在体内存留数天甚至1周以上，残留的PMSG影响卵泡的最后成熟和排卵，使胚胎回收率下降，所以，近年来在用PMSG进行超数排卵处理时，补用PMSG抗体（或抗血清），中和体内残存的PMSG，明显增强了超数排卵效果。

②治疗雌性动物乏情，安静发情或不排卵。

③提高母羊的双羔率，诱导肉牛产双胎。

④治疗雄性动物睾丸机能衰退或死精。

⑤诱发非繁殖季节母羊发情、排卵。

⑥与孕激素和前列腺素合用提高同期发情效果。

2. 人绒毛膜促性腺激素

（1）来源与特性。

人绒毛膜促性腺激素（HCG）由人和灵长类动物胎盘绒毛膜的合胞体滋养层细胞合成和分泌，大量存在于孕妇尿中，血液中也有。一般孕后第 8 天开始分泌，8~9 周时升至最高，然后 21~22 周时降至最低。目前的商品制剂主要来自孕妇尿和流产刮宫液。

HCG 是一种糖蛋白激素，相对分子质量为 36 700，由 α-亚基和伊亚基组成。HCG 的化学结构与 LH 非常相似。

（2）HCG 的生理功能。

HCG 的生理功能与 LH 相似。

①对雌性动物能促进卵泡发育、生长、破裂和生成黄体，并促进黄体酮、雌二醇和雌三醇等的合成，同时可以促进子宫的生长。对雌性动物，在卵泡成熟时能促使其排卵，并形成黄体。给予大剂量时，能延长黄体存在时间，但卵泡未成熟时并无这些作用。

②对雄性动物能促进睾丸的发育，并合成与分泌睾酮和雄激素。对公畜，能促进睾丸 ICSH 的分泌；能刺激雄激素的产生；能使隐睾下降。

③对生育年龄的未孕雌性，能够引起排卵和黄体形成。对妊娠期雌性维持妊娠具有重要作用。在妊娠早期，HCG 可作为胎盘信号，使周期黄体转换为妊娠黄体，并维持其机能；胎盘形成后不久，可逐渐代替卵巢机能，具有明显的免疫抑制作用。

（3）HCG 的应用。

①促进卵泡发育成熟和排卵：可治疗卵泡交替发育引起的连续发情，还可保证马、驴正常排卵。

②增强超数排卵和同期排卵的效果：在超排措施中，一般都是先用诱发卵泡发育的激素制品，如 FSH、PMSG，在母畜出现发情时再注射 HCG，不仅可以增强超排效果，使发情表现同期化，而且可以使排卵时间趋于一致。

③治疗排卵延迟和不排卵。

④治疗卵泡囊肿或慕雄狂，以恢复正常发情周期。

⑤促使公畜性腺发育，使性功能得到兴奋。

三、性腺激素

（一）雄激素

1. 来源与种类

雄激素主要由睾丸间质组织中的间质细胞分泌。另外，雄性动物肾上腺皮质、卵巢也能分泌少量雄激素。睾丸产生的雄激素主要有睾酮和雄烯二酮，睾酮不在体内存留，很快被利用分解（雄酮），然后通过粪、尿液、胆汁排出体外。

2. 生理功能

①对于幼龄动物，雄激素维持生殖器官、副性腺及第二性征的发育。在幼龄时期阉割的雄性动物，生殖器官趋于萎缩退化。

②对于成年动物，雄激素刺激精细管发育，启动和维持精子发生，利于精子生成。

③睾酮作用于中枢神经系统与雄性性行为有关，即维持雄性性欲。

④睾酮对下丘脑或垂体有反馈调节作用，影响 GnRH、LH 和 FSH 的分泌。

3. 应用

雄激素在临床上主要用于治疗公畜性欲不强和性功能减退，但单独使用不如睾酮与雌二醇联合应用效果好。常用的药物为丙酸睾酮，皮下或肌肉注射均可。

（二）雌激素

1. 来源与种类

雌激素主要来源于卵泡内膜细胞和卵泡颗粒细胞，此外，胎盘、肾上腺、睾丸及某些神经元也可分泌雌激素。卵巢中产生的雌激素有雌二醇和雌酮。除天然雌激素外，已人工合成了许多雌激素制剂，如己烯雌酚、己雌酚、苯甲酸雌二醇等。

2. 生理功能

雌激素是促使雌性动物性器官发育和维持正常雌性性机能的主要激素。雌二醇是雌激素主要的功能形式，有以下功能。

①促进雌性动物的发情表现和生殖道生理变化。例如，促使阴道上皮增生和

角质化；促使子宫颈管道松弛并使其黏液变稀薄；促使子宫内膜及肌层增长，刺激子宫肌层收缩；促进输卵管的增长并刺激其肌层收缩。这些变化有利于交配、配子运行和受精。

②有的动物（如猪）的胚泡产生的雌激素可作为妊娠信号，有利于胚胎的附植。

③雌二醇与促乳素协同作用，促进乳腺导管系统发育。

④通过对下丘脑的反馈作用调节 GnRH 和促性腺激素分泌。雌二醇的负反馈作用部位在下丘脑的紧张中枢，正反馈作用部位在下丘脑的周期中枢（引起排卵前 LH 峰）。因此，在促进卵泡发育、调节发情周期中起重要作用。

⑤少量雌二醇促进雄性动物性行为。在雄性动物的性中枢神经细胞中，睾酮转化成雌二醇，是引起性行为的机制之一，但大量的雌激素使雄性动物睾丸萎缩、副性器官退化，造成不育。

⑥对骨代谢的影响。肠、肾、骨等组织有雌激素受体。雌激素作用于这些组织，促进钙的吸收，减少钙的排泄，抑制骨吸收，强化骨形成，促使长骨骺部软骨成熟，抑制长骨增长。

3. 应用

有多种雌激素制剂在畜牧生产和兽医临床上应用，其中最常用的是己烯雌酚和苯甲酸雌二醇。

①治疗母畜不发情。注射己烯雌酚或雌二醇可使雌性动物表现发情，雌激素虽不能直接作用于卵巢而使卵泡发育，但可通过丘脑下部的反馈作用使 LH 分泌，间接作用于卵巢，并能增加子宫对垂体后叶激素的敏感性而提高子宫收缩性。

②治疗母畜持久黄体。

③牛和羊可用雌激素引产，但猪可用雌激素进行同期发情。因为雌激素对母猪具有促黄体作用（帮助维持黄体），故先用雌激素处理保持黄体期，然后统一停用雌激素并注射 PGF2α，即可引起黄体退化，达到母猪同期发情目的。

④雌激素与催产素配合可治疗母畜子宫疾病，如慢性子宫内膜炎、子宫积脓、子宫积液等。

⑤与孕激素配合，用于奶牛和山羊的人工诱导泌乳。

（三）孕激素

1. 来源

黄体酮（黄体酮）是孕激素的主要形式，主要由胎盘、黄体细胞产生。马和绵羊妊娠后期以胎盘产生为主。此外，颗粒层细胞、肾上腺皮质及睾丸也能产生少量黄体酮，其代谢后为孕二醇，随尿排出。

2. 生理功能

①在黄体早期或妊娠初期，黄体酮可促进子宫形成分泌性子宫内膜，使子宫腺体发育、功能增强、弯曲增多、形成子宫乳，有利于早期胚胎的营养、发育和附植。

②维持孕体正常的妊娠。孕激素可抑制子宫肌肉的自发性活动，抑制子宫对催产素的反应，使子宫保持安静，促使子宫颈外口收缩、封闭，利于保胎。

③调节发情的作用。少量黄体酮与雌激素协同，促进发情行为表现；大量黄体酮与雌激素对抗，抑制母畜发情。

④在雌激素刺激乳腺腺管发育的基础上，刺激乳腺腺泡系统的发育，二者相互协调，并共同维持乳腺的发育。

⑤促进生殖道的发育，生殖道在雌激素作用下开始发育，但只有与孕激素协同作用后，才能得到更充分的发育。

3. 应用

孕激素在动物繁殖中的应用非常广泛，它不仅可用于动物的同期发情、超数排卵和治疗繁殖疾病，而且由于其在生物体液中含量相对雌二醇较高，易于定量分析，故在繁殖状态监控、妊娠诊断以及许多繁殖疾病诊断方面也得到了普遍应用。

（1）诱导同期发情：对牛、羊和猪，连续给予黄体酮，可抑制垂体促性腺激素的释放，从而抑制发情，一旦停止给予黄体酮，即能反馈性引起促性腺激素释放，使动物在短时间内开始发情。据此，在畜牧实践中已将其应用于牛、绵羊、山羊和猪的同期发情。

（2）诱导超数排卵：连续应用黄体酮 13~16 d，于撤除黄体酮当天或撤除前 24 h 给予 PMSG 或 FSH，牛在黄体酮撤除后 48~96 h 可引起超数排卵，羊在 36~48 h 后开始发情，继而排卵。

（3）鉴别动物的"性状态"：通过测定动物血、乳或唾液中黄体酮水平，结合直肠检查，可判断母马、母牛是否处于发情期（黄体酮含量低，有卵泡）、间情期（黄体酮含量高，有黄体、无卵泡）或乏情期（黄体酮含量低，既无黄体，又无卵泡）。

（4）进行妊娠诊断：根据血浆、乳汁、乳脂、尿液、唾液、被毛中黄体酮水平的高低进行牛、羊、猪的妊娠诊断在生产中应用已非常广泛。一般是采集配种后 21~25 d（猪、牛、山羊）或 19~23 d（绵羊）的样品，通过放射免疫测定或免疫酶标测定法确定其黄体酮含量。如果未孕，则黄体酮接近发情时的水平；如果怀孕则黄体酮含量很高，接近或超过黄体期的黄体酮水平。

（5）诊断繁殖障碍疾病：测定母牛配种后一定时间的黄体酮水平，如果配种后 30 d 以内持续升高，此后突然下降，可判断为胚胎死亡，未孕。此外，通过黄体酮测定技术还可以了解卵巢机能状态，分析母牛受胎率低的原因。

（四）松弛素

1.来源

松弛素（RLX）又称耻骨松弛素，主要由妊娠黄体分泌。松弛素存在于颗粒黄素细胞的胞浆中，一旦需要即释放入血。在正常情况下，松弛素的单独作用很小。生殖道和有关组织只有经过雌激素和孕激素的事前作用，松弛素才能显示出较强的功能。

2.生理功能

抑制妊娠期间子宫肌的收缩，以利于妊娠的维持；作用于靶器官的结缔组织，使骨盆韧带扩张、子宫颈变松软，以利于分娩。有研究表明，RLX 不仅仅是一种妊娠激素，它在卵泡发育和排卵、妊娠期间乳腺生长、胎儿附植以及发动分娩时间等方面都有作用。

3.应用

松弛素用于动物子宫镇痛，预防动物流产和早产，诱发动物分娩。

（五）抑制素

1.来源

性腺是抑制素（IB）的主要来源。卵泡液中的抑制素主要由卵泡颗粒细胞产生，睾丸内的抑制素主要由支持细胞产生，间质细胞也可产生少量抑制素。

2.生理功能

（1）对促性腺激素分泌的作用：抑制素对 FSH 分泌的抑制作用有两种可能途径：一是直接作用于腺垂体，对抗下丘脑释放的 GnRH 对垂体的作用；二是直接作用于下丘脑，抑制 GnRH 的合成和释放。

（2）在配子发生中的作用：抑制素除作为内分泌激素，抑制 FSH 分泌而间接影响配子发生外，在睾丸或卵泡中还通过自分泌或旁分泌作用，直接影响配子发生。

（3）在妊娠中的作用：啮齿类动物试验证实，抑制素可抑制胚泡附植。

3.应用

（1）抑制素免疫可提高牛（羊）的排卵数和产犊（羔）数。

（2）提高超数排卵效果。

四、其他激素

（一）前列腺素

1930 年，发现人精液中含有可引起子宫收缩或舒张反应的物质，可引起平滑肌兴奋，即有降低血压作用。随后在许多动物精液与副性腺中提取产生上述作用的有效成分，确是一种可溶性不饱和脂肪酸，认为这种物质是由前列腺产生，故称为前列腺素（PG）。以后又发现，PG 几乎存在于身体的各种组织和体液中。

1.PG 的化学结构和种类

PG 是花生四烯酸的衍生物，不是一种单一物质，而是一类具有生物活性的长链，不饱和氨基脂肪酸称前列酸。根据不饱和程度和取代基不同，可将其分为 3 类（PG1、PG2、PG3）、9 个类型（A、B、C、D、E、F、G、H、I），其中 PGE、PGF 对动物繁殖较重要。

2.PG 的生理功能

（1）溶解黄体：关于 PGF2α 溶解黄体的机理，目前主要有两种说法：其一，PGF2α 使子宫 - 卵巢血管收缩，造成黄体组织供血不足，导致合成黄体酮的原料供给不足，造成黄体酮合成困难，引起黄体退化；其二，PGF2α 直接作用于黄体细胞，抑制黄体酮的合成，该种说法由绵羊做的实验证实。绵羊的卵巢动脉十分弯曲而紧密贴附在子宫 - 卵巢静脉上，从而形成子宫 - 卵巢静脉与卵巢动脉之间的对流系统，使子宫内膜产生的 PGF2α 不经血液循环而就近通过血管壁进入卵巢动脉，然后运抵卵巢引起黄体溶解。

（2）对子宫的作用：PGF2α 能促进子宫平滑肌的收缩，有利于分娩活动。

（3）对输卵管的作用：PG 能影响输卵管活动和受精卵运行。与生理状态有关，PGF 主要使输卵管平滑肌和输卵管口收缩，使卵子在输卵管内停留并有受精时间。PGE 使输卵管松弛，有利于受精卵运行。

（4）对下丘脑－垂体－卵巢轴的影响：下丘脑产生的 PG 参与 GnRH 分泌的调节，PGF 和 PGE 能刺激垂体释放 LH，同时 PG 对卵泡发育和排卵也存在直接作用。一方面，PGF2α 可直接作用于卵泡，刺激卵巢壁平滑肌的收缩，促使卵泡破裂；另一方面，PGF2α 通过促进血液中 LH 含量的升高而间接促进排卵。例如，猪的卵泡液中 PGF2α 浓度，在接近排卵时显著增加，在排卵时达到最高值。

（5）对公畜生殖机能的影响：睾丸不但能分泌睾酮，而且能分泌 PG，PG 能使睾丸被膜、输精管及精囊腺发生收缩，有利于射精。

3.PG 的应用

在生产实践中应用的主要是 PGF2α 及其人工合成的类似物，国内外已生产多种 PGF2α 类似物。例如，氯前列烯醇，氟前列烯醇，15- 甲基 PGF2α 等。目前国内应用最广的是氯前列烯醇。PGF2α 及其类似物主要应用于以下几方面。

（1）同期发情：PGF2α 只有当母畜处于功能黄体时，才能对黄体有溶解作用，各种动物 PGF2α 溶解黄体有效时间见表 2-2。

表 2-2 PGF2α 溶解黄体的有效时间

动物种类	溶解黄体有效时间（排卵后时间）	动物种类	溶解黄体有效时间（排卵后时间）
羊	4 d 后	犬	24 d 后
牛	4 d 后	豚鼠	9 d 后
猪	10 d 后	地鼠	3 d 后
马	4 d 后	大鼠	4 d 后

（2）同期分娩或引产：Harman 等给妊娠 141 d 的羊肌肉注射 PGF2α 15 mg，给药 72 h 分娩成功率为 33%，平均分娩时间为 142.5 h。Ott.R.S 等给妊娠 144 d 的山羊肌肉注射 PGF2α 20 mg，平均 31.5 h 引起分娩。

（3）增加射精量：在采精前，给公牛、公马、公兔注射 PGF2α 均可增加其射精量。

（4）治疗生殖疾病：用 PG 治疗动物黄体囊肿。对子宫病理变化导致的持久黄体及子宫积脓，用 PG 治疗效果显著。

（5）促进产后子宫复原，缩短两次怀孕的间隔时间。

（二）外激素

外激素是生物体向环境释放的在环境中起着传递同种个体间信息从而引起对方产生特殊反应的一类生物活性物质。这些物质由于其来源的动物种类及个体不同，产生的生物学效应也有差异。例如，公猪分泌的外激素可引诱发情母猪。大部分动物释放的外激素可刺激异性交配，并可影响同性别动物的生殖活动或生殖周期等。这些与性活动有关的外激素统称为性外激素。

1. 来源与化学特性

外激素在早期曾被称为体外激素或引诱剂，这些名称从某一方面反映了外激素的特性。通常，外激素是指那些在特定腺体中（一般为有管腺或外分泌腺）合成产生的化学物质。某些外激素的产生与其分泌腺体周边组织的某些共生生物的代谢活动有关，即由腺体产生某些化学物质经共生生物代谢后变成外激素。由于有时引起某种特殊反应需要两种或两种以上的化学物质的参与，因此常将这些化学物质的混合物看成是一种外激素，即外激素可能是多种化学物质的混合物。

2. 生物学作用与应用前景

性外激素的生物学意义在低等动物和高等野生动物的性活动中表现特别突出。通常，某种性别的动物释放性外激素可引起异性向其聚集，或者由于适宜的环境刺激可引起两种性别的动物向同一区域聚集。在两性聚集后，外激素又可传递近距离范围内的性行为，即刺激求偶行为与交配行为，因此有人将性外激素称为激发性欲的"催欲剂"。各种动物的性外激素对性行为的影响有其特定模式，主要表现在以下几方面：召唤异性，刺激求偶行为，激发交配行为等。

此外，性外激素对异性和同性的生殖内分泌调节以及发情、排卵均有一定程度的影响，主要表现在"异性刺激"或"公羊效应""群居效应"等。

第三章　品种与品系的培育

动物品种与品系的培育是动物育种中的重要内容。近几百年，人类在应用遗传学理论控制、改造动物遗传特性的过程中，创造和培育了大量的品种和品系，为动物生产提供了丰富的品种资源，使动物育种工作成了动物生产中最富有创造性的工作。所有家畜家禽品种，无论是原始品种，还是地方品种或培育品种，都是经过纯繁或杂交过程育成的。

第一节　品种的培育

品种（breed）是人工选择的产物，是畜牧学的分类单位。培育新的品种是动物育种工作中的一项重要内容。根据已有的培育新品种的经验和现代遗传学进展，培育新品种的途径有多种，如选择育种、诱变育种和杂交育种等，现在已有人提出了分子育种的新途径。选择育种历史悠久，是育种者长期以来使用的方法，但由于需要时间长，效果不稳定，很难适应现代育种的要求；诱变育种和分子育种虽在植物、微生物等领域取得了较大的进展，但应用于动物育种尚处于研究阶段；利用现有家畜家禽品种进行有目的的杂交育种，是近期应用较多和有效的方法。

家畜品种或品系间的杂交，不但用于产生杂种优势，进行商品生产，而且也用于培育新品种。杂交育种是经过品种间的杂交，从杂交后代中发现新的有利变异或新的基因组合，通过育种措施把这些有利变异和优良组合固定下来，从而育成新的动物品种，许多著名的家畜家禽品种都是用这种方法育成的。以下我们主要介绍这种方法。

一、杂交育种的种类

1.简单杂交育种

只用两个品种杂交来培育新品种，称作简单杂交育种。这种育种方法简单易行，新品种的培育时间较短，成本也低。采用这种方法，要求两个品种包含所有新品种的育种目标性状，优点能互补，又可以纠正个别缺点。几个常见的品种就是通过简单杂交育成的，如草原红牛是由蒙古牛和乳肉兼用短角牛杂交育成的，新金猪是由辽宁本地猪和巴克夏猪杂交育成的，杜泊羊是由有角多赛特羊和波斯黑头羊杂交育成的。

2.复杂杂交育种

用三个以上的品种杂交培育新品种，称为复杂杂交育种。如果根据育种目标的要求，选择两个品种仍然满足不了要求时，可以增加一个或两个甚至更多一些品种参与杂交，以丰富杂交后代的遗传基础，但是也不可用过多的品种，用的品种过多，不好控制，后代的遗传基础较复杂，杂种后代变异的范围常常较大，需要的培育时间相对较长，成本较高。当使用的品种较多时，不仅应根据每个品种的性状或特点，很好地确定父本或母本并严格选择优良个体，还要认真计划品种间的杂交次序，因为后用的品种对新品种的影响和作用相对较大。人们通过复杂杂交育种也已经培育出了不少新品种。例如，新疆细毛羊是毛肉兼用细毛羊品种，是由哈萨克羊、蒙古羊、高加索和泊列考斯羊等杂交，后期又导入澳洲美利奴羊而育成的，中国荷斯坦牛是由乳用荷兰牛、小型兼用荷兰牛、三河牛、本地黄牛、滨州奶牛等杂交育成的，肉牛王是由短角牛、海福特牛、婆罗门牛杂交育成的，北京黑猪是由北京本地猪、定县猪、巴克夏猪、约克夏猪等品种杂交育成的，考力代羊是由莱斯特羊、林肯羊、美利奴羊杂交育成的。它们都是由三个以上品种杂交育成的。

二、杂交育种的目标

1.改变动物主要用途

随着人们生活水平的提高，社会的发展，许多原有的家畜家禽品种不能满足需求，这时就有必要改变现有品种的主要用途。例如，把毛质欠佳、满足不了纺织需要的肉用、兼用型绵羊与细毛羊杂交，通过杂交育种，培育细毛羊或半细毛羊。

改变动物主要用途的杂交育种，一般要选用一个或几个目标性状符合育种目标的品种，连续几代与被改良品种杂交，在杂交后代达到标准以后，进行自群繁育。我国东北细毛羊就是用这种方法育成的，东北本地羊属于蒙古羊，主要生产方向是肉用，用粗毛羊、苏联美利奴细毛羊、高加索细毛羊、阿斯卡尼细毛羊等品种杂交改良东北本地羊，随后又用新疆细毛羊、斯达夫细毛羊等品种公羊与本地母羊杂交。1956 年，在杂种羊中选择理想公母羊进行横交试验。1959 年成立的东北细毛羊育种委员会制定了具体的育种规划和育种目标，并开展联合育种。1967 年，经鉴定认为基本达到育种目标。目前，东北细毛羊体质结实，结构匀称，被毛全白，产毛最高，遗传稳定，成为我国重要的细毛羊品种。

2. 提高生产能力

培育高生产力水平的动物新品种，对动物生产的发展有着重要的意义。因此，提高生产能力的杂交育种，在不少地方都有开展，譬如，北京黑猪、新淮猪、中国荷斯坦奶牛和草原红牛的培育等都是具体的例证。草原红牛是用短角牛与蒙古牛杂交，以提高它们的生产性能而培育的一个新品种。内蒙古草原上的蒙古牛，具有耐寒冷、耐粗饲、宜放牧等优良特性，但是它体格小、产奶少、成熟晚、产肉少、生产性能较低，而英国育成的兼用型短角牛，体格较大、发育较快、产奶量较高、产肉量较多。为了提高蒙古牛的品质，特别是提高它的产奶量和产肉量，吉林、辽宁、河北和内蒙古自 1949~1958 年开展了用短角牛改良蒙古牛的工作。1966 年以后，杂交出现理想型公母牛时，开始用三代理想型公牛配二代或三代理想型母牛的固定试验。到 20 世纪 80 年代，短蒙杂种牛已达 94 000 头左右，二代牛不仅毛色趋于一致，结构初具兼用体型，且母牛平均体重达 400 kg 左右，比蒙古牛提高 100 kg 以上，平均产奶约 1 000 kg，比蒙古牛提高一倍多，二代三岁犍牛产净肉约 170 kg，比同龄蒙古牛多产肉约 50 kg。

3. 提高适应性和抗病力

不同的家畜家禽品种都有各自最适宜的自然环境条件，当把这些品种引入环境条件不同的地区时，要求这些品种要对新环境有一定的耐受能力，于是就有必要培育适应性强的品种。例如，国外用婆罗门牛培育的圣格鲁迪牛和用菲律宾猪培育的阿泊加猪，就是应用杂交育种方法培育成功的耐热且生产性能高的品种．我国幅员辽阔，生态条件复杂，如青藏高原低压高寒，南方等地高温多雨，因此，有必要培育抗逆性品种。婆罗门牛对热带干旱的条件能很好地适应，并且不易患焦虫病，为了增进牛的耐热能力和抗病能力，在炎热地区可多用它与其他品种杂交。圣格鲁迪牛就是用婆罗门牛与短角牛杂交，经过三十余年的探索，将后裔测验表现好的个体大量繁殖，通过近亲交配和品系繁育而成的肉牛品种，这个品种能耐炎热和抗焦虫病，含有 3/8 婆罗门牛血液和 5/8 短角牛血液。根据在我国广西饲养的情况来看，它能适应亚热带气候和放牧饲养，在草地上增重迅速，产肉率高，牛肉呈大理石状，嫩而多汁，对亚热带疾病有较好抵抗力。我国云南用婆罗门牛与本地黄牛杂交，已培育出一定数量的种群，它们是既具有耐热能力，又具有较高生产性能的新品种。

另外，有些品种牛的抗锥虫病、抗蜱能力等都存在可遗传的差异，因而可以开展抗病育种，培育抗病品系。在海福特牛与短角牛的杂交后代中，可鉴定出一个抗牛蜱的主基因。这个基因可以转移并能在其他基因型中表达，属显性遗传，抗蜱效应极高，所以，培育出携带这个主基因的品系或品种，能有效地防止牛蜱病的发生。

三、杂交育种工作的基础

1. 利用现有杂种群进行杂交育种

为了提高原始品种或地方品种的生产性能，人们以原有杂种家畜为基础，培育一个兼有当地品种和引入品种优点的新品种，这种育种方法就属于在杂交改良基础上开展的杂交育种。

在杂交改良基础上培育新品种，我国早有先例，如三河牛、三河马等就都是在群众性杂交改良基础上培育的。三河牛是复杂杂交的产物，杂交已有多年的历史，但由于它们杂交的复杂性和杂交方式的不固定，虽然已有大量的杂种后代，并且其中有相当数量的个体在生产上都已合乎优良个体的要求，但仍不能成为一个新品种。

中国荷斯坦奶牛实际上也是在杂交改良的基础上育成的著名品种。据载，早在 1840 年已有荷兰牛输入我国，后来在相当长的一段时间里又相继从德国、日本、美国和俄国引进一部分荷斯坦牛。各种类型和各种来源的荷斯坦牛在我国不同地区经过长期的选育、驯化，特别是与中国的黄牛杂交，逐渐形成了中国黑白花奶牛的雏形。20 世纪 50 年代，我国先后从日本、荷兰、苏联引入部分种牛。特别是 1978 年以来，又大量引进了美国、加拿大、丹麦、德国的荷斯坦奶牛、冷冻精液和胚胎，或纯繁或与中国黑白花奶牛杂交，到 20 世纪 80 年代中期经国家鉴定，已正式确认为中国黑白花奶牛品种。为了适应现代育种与国际合作育种的需要，1993 年又将中国黑白花奶牛改名为中国荷斯坦牛。

2. 有计划的杂交育种

培育动物新品种是动物生产的一项基本任务。应在工作开始前，根据国民经济的需要、当地的自然条件和基础品种、品系的特点，进行细致的分析和研究，然后以现代遗传育种学理论为指导，制订出切实可行的育种计划。在执行计划中，要严格选择品种和个体，做好杂交种的培育工作。有计划的杂交育种可使工作少走弯路，缩短育种时间，并且育成高质量的新品种。

拉康伯猪就是在 1947~1957 年有计划杂交育成的新品种，由于计划性强，所用时间较短而且效果较好。拉康伯试验站考虑到大约克夏猪数量居加拿大第一位，为了提高生产性能，决定培育与大约克夏猪生产性能相似或较高，并与之杂交能产生良好杂种优势的新品种，经过两年的科学研究，于 1946 年成立专门委员会制订计划，并于 1947 年开始杂交育种工作。

1951 年进行有选择的二代横交，并开始以同胞的肥育性能和胴体品质作为主要选种依据。为了进一步巩固优良性状的遗传性，曾进行有选择的近交，但由于原始基础群小，最初近交系数上升很快，引入外血后好转。根据具体需要决定用 60 头母猪和 10 头公猪组成闭锁群，进行群体继代选育，获得了较大的遗传进展。经过一系列有目的、有计划的工作，终于育成个体大、毛色白、繁殖力高、生长快、瘦肉率高的新品种，而且，它与大约克夏猪和汉普夏猪等品种杂交，有良好的杂种优势，并有良好的推广效果。

中国美利奴羊的育成也是有计划杂交育种的实例。从 1972 年开始，以澳洲美利奴羊为父系，波尔华斯羊、新疆细毛羊和军垦细毛羊为母系，进行有计划的复杂杂交。1985 年 12 月，经鉴定验收，正式命名为中国美利奴羊。该品种的育种方向以提高羊毛长度、密度和净毛率为目标性状，育种过程中实行了外貌综合鉴定，并结合按净毛量进行选择。

四、杂交育种的步骤

1. 确定育种目标和育种方案

如果杂交育种前不重视这一步骤，也没有明确的指导思想，会使育种工作效率较低、育种时间长、成本高，会与动物生产的发展和社会需求不适应。杂交用几个品种，选择哪几个品种，杂交的代数，每个参与杂交的品种在新品种血缘中所占的比例等，都应该在杂交开始之前详细讨论。实施中也要根据实际情况进行修订与改进，但不宜做大的变动。

2. 杂交

品种间的杂交使两个品种基因库的基因发生重组，杂交后代中会出现各种类型的个体，通过选择理想型的个体组成新的类群进行繁育，就有可能育成新的品系或品种。杂交阶段的工作，除了选定杂交品种以外，每个品种中的与配个体的选择、选配方案的制定、杂交组合的确定等都直接关系到理想后代能否出现，因此需要进行一些试验性的杂交。由于杂交需要进行若干世代，杂交方法如引入杂交或级进杂交都要视具体情况而定，即理想个体一旦出现，就应该用同样方法生产更多的这类个体，在保证符合品种要求的条件下，使理想个体的数量增加，达到满足继续进行育种的要求。

3. 理想性状的固定

固定理想性状主要用于质量性状，如毛的细度、长度，绒的细度、均匀度及体形外貌等。这阶段要停止杂交，而进行理想杂种个体群内的自群繁育，以期使目标基因纯合和目标性状稳定遗传。主要采用同型交配方法，有选择地采用近交方式，近交的程度以未出现近交衰退现象为度。有些具有突出优点的个体或家系，应考虑建立品系。该阶段以固定优良性状、稳定遗传特性为主要目标，同时，也应注意饲养管理等环境条件的改善。

4. 扩群

迅速增加群体数量和扩大分布地区，培育新品系，建立品种整体结构和提高品种品质，完成一个品种应具备的条件，使已定型的新类群增加数量、提高质量。

在前阶段虽然培育了理想型群体或品系，但是在数量上毕竟较少，难以避免不必要的近交，它们仍有退化的危险，也就是该理想型类群或品种群，在数量上还没有达到成为一个品种的起码标准。另外，没有足够的数量，便不可能有较高的质量，只有群体大才可能有较大的选择性，以利于进一步提高品种的水平，因此，在这一阶段要有计划地进一步繁殖和培育更多的已定型的理想型群体。

向外地推广，以便更好地扩大数量和发挥理想型群体的作用。为了使之具有较大的适应性，进行推广是培育新品种中必不可少的工作。

一般来说，建立的品系都是独立的，为了健全品种结构和提高质量，应该有目的地使各品系的优秀个体进行杂交，使它们的后代兼有两个或几个品系的优良特性。这样，一方面可以使品种的质量在原有的水平上有所提高，同时品种在结构上也可以进一步优化，从而使这个新的类群达到新品种的要求；另一方面，还应继续做好选种、选配和培育等一系列工作，不过这一阶段的选配不一定再强调同质选配，而应避免近交。为了保持定型后的遗传性状，选配方法上应该是纯繁性质的，不可使用杂交。

第二节　品系的培育

一、品系的概念

人们习惯将品种内来源于一头有特点的优秀公畜，并与其有血缘关系和类似的生产力的种用群体称作品系（line）。这头优秀的种公畜就是该品系的系祖。这是狭义的品系概念。

由于数量遗传学的发展已应用于动物育种实践，人们对品系有了新的认识。在品种内，凡是具有共同的优良特性，并能稳定遗传的种用群体称作品系。这是广义的品系概念。根据这个概念，品系应具有下列条件：

（1）有突出的优点，这是品系存在的首要条件，也是区分品系间差别的标志；

（2）性状遗传稳定；

（3）血统来源相同；

（4）有一定数量。

品系作为动物育种工作最基本的种群单位，在加速现有品种改良、促进新品种育成和充分利用杂种优势等育种工作中发挥了巨大的作用。

二、品系的类别

品系大体可以分为 5 类，尽管随着育种方法和测试分析手段的发展，品系的界定会不断发生改变，对于不同的品种和在不同育种目标之下的品系，其要求也不尽相同，但在介绍建系方法之前，了解一下品系的类别还是十分必要的。

1. 地方品系

地方品系是指由于各地生态条件和社会经济条件的差异，在同一品种内经长期选育而形成的具有不同特点的地方类群。

2. 单系

单系是指来源于同一头卓越系祖，并且具有与系祖相似的外貌特征和生产性能的高产畜群。根据现代的育种观点，品系应该是一个更广泛的概念，严格地讲，这种传统意义上的品系已不能代表现代品系的含义，应该称为单系。

3. 近交系

近交系是指通过连续近交形成的品系，其群体的平均近交系数一般在 37.5% 以上，但近交系数的高低并不是近交建系的目的，关键在于能否在系间杂交时产生人们所期望的杂交效果。

4. 群系

群系是指用群体继代选育法建立起来的多系祖品系。

5. 专门化品系

专门化品系是指具有某方面突出优点，并专门用于某一配套系杂交的品系，可分为专门化父系和专门化母系。有人把这种品系称为配套系，实际上配套系杂交是一种交配体系，在这个体系中所利用的品系千篇一律地称为配套系不够确切，例如，在猪的配套系杂交中就包括近交系杂交和专门化品系杂交两种。

三、培育新品系的意义

品系繁育是动物育种工作中最重要的繁育方法，因为品系是育种者施以育种技术措施最基本的种群单位。它首先是建立一系列各具特点的品系，丰富品种结构，有意识地控制品种内部的差异，使品种的异质性系统化。品系繁育的全过程不仅是为了建系，更重要的是利用品系加快种群的遗传进展，加速现有品种的改良，促进新品种的育成和充分利用杂种优势，建系是手段，利用品系才是目的。

1. 加快种群的遗传进展

品系可在品种内培育，也可以在杂种基础上建立；质量要求不如品种全面，可以突出某些特点；头数要求不如品种多，分布也不如品种那么广泛，因此，培育一个品系要比培育一个品种快得多，品系的范围也较小，整个种群的提纯比较容易，这样，可以加速种群的遗传改良。

2. 加速现有品种的改良

在本品种选育和种群杂交改良过程中，可以通过分化建系和品系综合，使种群得到不断的发展和提高，搞好品系繁育可以很好地解决群体中优秀个体质量高而数量少的矛盾、选育过程中选择性状数目与选择反应成反比的矛盾，品种的一致性与品种结构，即异质性的矛盾和种群基因纯合与近交衰退的矛盾。这些矛盾的解决将有助于加快品种的改良速度。

3. 促进新品种的育成

众多品种的育成史表明，不论是纯种还是杂种，只要它具有优良性状，特别是当优良性状不是由个别基因，而是由一些基因组合控制时，品系繁育就更为有效。这是因为在培育新品种时，为了巩固遗传性往往应用近交，而近交又容易引起生活力的衰退，若采用品系繁育，则由于各系内的基因大部分是纯合的，而系间一般又没有亲缘关系，从而在品系综合时既可以使品系特性获得较稳定的遗传性，又可防止近交衰退的危险。另外应该指出的是，培育新品系时采用的品系繁育的主要任务是巩固优良性状的遗传性，因此在建系时应该采用较高程度的近交，这样就可促进新品种的育成。

4. 充分利用杂种优势

由于品系经过闭锁群体下的若干代同质选配和近交繁育，许多位点的基因纯合度高、遗传性稳定，系间遗传结构差异较大，因此这样的种群，不仅具有较高的种用价值，而且当品系间杂交时还会产生明显的杂种优势，于是品系可以为商品生产中开展品系间杂交提供丰富有效的亲本素材。现代动物生产中所采用的近交系与专门化品系杂交所取得的巨大杂种优势利用效果便是很好的例证。

四、品系繁育的条件

在一个品种内，无论品系是如何形成和发展的，只有品种和品系的群体有效大小足够大，才能长期存在。对于有目的的人工建系进行品系繁育来说，建系之初至少要满足以下几个条件。

1. 建系的数量

动物群体很小是无法进行品系繁育的。一般认为，一个品种至少要有 3 个以上品系，每个品系应有 8~20 个家系，每个家系应有 30 只母畜和 5 只以上公畜，不过因畜种不同和饲养条件上的差异，上述数量可以视具体情况有适当增减。

当计划要进行品系间杂交，以生产商品畜禽时，因杂交方案不同对品系数的需求也有所不同。例如，如果采用近交系双杂交方案，则至少需要 4 个品系；如果想利用专门化品系生产商品畜禽，则至少要有父本和母本两个品系。在蛋鸡和肉鸡育种中，有时还需要更多的品种来构成曾祖代、祖代、父母代和商品代等配套系。如果品系繁育的目标是建立几个近交系，则建系所需的基础群可以适当缩小。

2. 家畜的质量

品系繁育的目的是提高和改进现有品种的生产性能、充分利用品系间不同的遗传潜力来产生杂种优势，所以，每个品系的综合性能一般都要比原品种优越，而且各自都有自身的遗传特征。如果畜群中有个别出类拔萃的公畜和母畜，就可以采用系祖建系法建系；如果优良性状分散在不同个体身上，还可以用近交建系或群体继代建系法来建系。

3. 饲养管理条件

品系繁育的目标能否按期实现，种畜的饲养管理水平也很重要。例如，舍饲家畜的饲料配方、饲喂方法及环境卫生是否能保证种畜的正常发育和配种繁殖；放牧家畜如何组群，怎样实现配种方案，如何选择种畜和记录系谱资料等。

4. 技术与设备

品系繁育过程涉及动物生产过程中的各个环节，要求有统一的组织协调工作，完整而严密的技术配合工作，还应有必需的仪器设备等。

五、品系繁育的方法

目前常用的建系方法包括系祖建系法、近交建系法和群体继代选育法三种方法。

（一）系祖建系法

采用这种方法建立品系，首先要在品种内选出或者培育出系祖，只有突出的优秀个体，即不仅有独特的遗传稳定的优点，而且其他性状也达到一定水平的个体，才能代为系祖。系祖的标准是相对的，不能脱离实际地要求十全十美，可以允许次要性状有一定的缺点，但应不大严重，例如，奥洛夫公马瓦尔米克，速度很快，但有体格较小的缺点，经过适当的选配，可以克服，终于成了一个著名品系的系祖。作为一个系祖，最主要的不是优良的表现型，而是优良的基因型，如果其突出优点主要是环境条件所致，那么这一优点就不能遗传给后代，也就建不成品系；或者其表现型虽然很优秀，但携带有隐性有害基因，如隐睾基因，这些隐性不良基因不仅影响建系，还会带来很大的隐患。因此，必须用遗传学理论与方法准确地选择优秀的种畜作为系祖，有条件时最好运用后裔测定和测交，证明它确实能将优良性状稳定地传给后代，且未携带不良基因。系祖最好是公畜，因为它的后代数量多，可以进行精选，但也可以是母畜，如果母畜确实出类拔萃的话，可以利用优秀母畜有计划地从其后代中选育出系祖。

找出了系祖以后，就应充分发挥它的作用，以便从它获得大量的后代，而且从中选留具有系祖突出优点的后代。为了保证其后代能集中地突出表现系祖的优点，在一般情况下，系祖应尽量与没有亲缘关系的个体进行同质选配。对于那些有微小缺点的系祖，有必要使用一定程度的异质选配，用配偶的优点来补充系祖的不足，从出现兼有双亲优点的后代个体中选留新的种畜。

最初与系祖交配的母畜不必很多，但是以后世代可以逐渐增加与配母畜。只有满足品系繁育目标的后代才能作为品系中的成员，每一代的留种个体都要具有系祖的主要特征。在进行同质选配时，最初几代应尽量避免近交，然后进行中等程度的近交，随后采用高度近交，甚至用系祖回交，所需代数以未出现衰退现象为限，目的是迅速巩固系祖的优良性状。一般情况下，交替方式采用近交与远交相结合，但始终是进行同质选配。

（二）近交建系法

近交建系是在选择了足够数量的公母畜以后，根据育种目标进行不同性状和不同个体间的交配组合，然后进行高度近交，如亲子、全同胞或半同胞交配若干世代，以使尽可能多的基因位点迅速达到纯合，通过选择和淘汰建立品系。与系祖建系法相比，近交建系法在近交程度和近交方式上都有差别。

最初的基础群要足够大，母畜越多越好，公畜数量则不宜过多且相互间应有亲缘关系。基础群的个体不仅要求性能优秀，而且它们的选育性状相同，没有明显的缺陷，最好经过后裔测验。

过去，美英等国几乎都采用连续的全同胞交配来建立近交系（图3-1）。

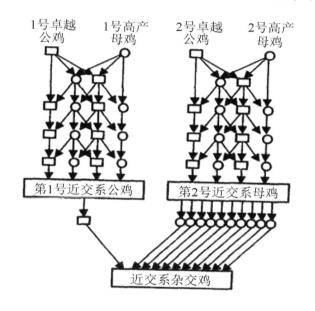

图3-1 近交系的建立和利用示意图

他们认为全同胞交配和亲子交配，虽然一代都同样达到25%的近交系数，但前者每一亲本对基因纯合的贡献相同，而亲子交配时，在增加纯合性方面只有一个亲本起作用，如果这一亲本具有隐性有害基因，而其纯合率就为全同胞交配时的2倍。无论采用哪种方式的高度近交，大多数品系很快会因繁殖力和生活力的衰退而无法继续进行，因此有人提出，最初就将基础群分成一些小群，分别进行近交建立支系，然后综合最优秀的支系建立近交系。然而，不这样做也可以成功，例如，美国明尼苏达州农业试验站开始时企图建立七个近交系，其中三个系很快就无法继续下去，还有三个系退化显著，但有一个系，经过连续八代的全同胞交配，近交系数高达 82%，但并没有出现灾难性的衰退。这说明近交衰退不是不可避免或不可降低的，关键是应该根据具体情况灵活运用近交，不能生搬硬套。

近交的最初几代一般不进行很严格的选择，而先致力于尽可能多位点的基因纯合，然后再进行选择，这样可使基因的纯合速度加快，产生较多的纯合类型，有利于选择。

（三）群体继代选育法

群体继代选育法是从选择基础群开始，然后闭锁繁育，根据品系繁育的育种目标进行选种选配，逐代重复进行这些工作，直至育成符合品系标准、遗传性稳定、整齐均一的群体。

基础群是异质还是同质群体，既取决于素材群的状况，也取决于品系繁育预定的育种目标和目标性状的多少。当目标性状较多而且很少有方方面面都满足要求的个体时，基础群以异质为宜，建群以后通过有计划的选配，把分散于不同个体的理想性状汇集于后代；如果品系繁育的目标性状数目不多，则基础群以同质群体为好，这样可以加快品系的育成速度，减轻工作强度，提高育种效率。

如果基础群达到一定规模，就不会因群体有效含量太小而在育种过程中被迫近交，也不至于因群体太小而不能采用较高的选择强度，从而降低品系的育成速度。一般来说，基础群要有足够的公畜，且公母畜比例要合适。例如，一般认为，猪的公母数量以每世代 100 头母猪和 10 头公猪为宜，鸡则以 1 000 只母鸡和 200 只公鸡为宜。有些情况下，因条件所限，数量可以适当减少。

在选配方案上，原则上避免近交，不再进行细致的个体间的同质选配，而是提倡以家系为单位进行随机交配。

种畜的选留要考虑到各个家系都能留下后代，优秀家系适当多留。一般情况下，不用后裔测验来选留种畜，而是考虑本身性能和同胞测定，以缩短世代间隔，加快世代更替；例如，猪和家禽可以做到一年一个世代。

20 世纪 70 年代中期，"系统造成"从日本介绍到中国，后来被中国育种界定名为"群体继代选育法"，这个名词取得是比较确切的，它所采用的"无系祖建系"、综合选择指数和随机交配这些措施都是从群体角度考虑的，这符合现代育种学把兴趣由个体转移至群体的发展趋势；它采用一年一个世代以缩短世代间隔，一代紧接一代的选育，概括为"继代"也是比较合适的。应该肯定，这种方法在我国猪育种中发挥了很大的作用。它具有世代周转快、世代间隔分明不重叠、育种群要求不大、方法简便易行等优点，但是也存在种畜利用年限短、成本较高、小群闭锁、遗传基础窄、选择强度受到限制等缺点。

第三节　专门化品系的繁育

随着畜牧业生产集约化、工厂化和专门化程度的提高，系间杂交已成为养猪业、养禽业和其他肉用家畜生产中一种固定、高效的商品畜繁育体系，关于这方面的研究在理论和实践上都取得了重大进展，专门化品系的出现是随着配套系杂交应运而生的，它是现代化动物生产的重要标志之一。

一、配套系杂交

（一）概念

20 世纪 50 年代末 60 年代初，各国开始探索研究新的杂交体系。人们逐渐认识到，品种间杂交越来越难以满足现代化畜牧业生产的要求，于是，在应用品种间杂交的基础上，逐步用配套系杂交代替品种间杂交，即建立一些配套的品系作为杂交中的父本和母本，取得了很好的效果，杂种优势利用获得了重大突破。

所谓配套系杂交，就是按照育种目标进行分化选择，培育一些品系，然后进行品系间杂交，杂种后代作为经济利用。例如，猪配套系杂交生产的杂种后代一般称为杂优猪，以区别于一般品种间杂交的杂种猪。配套系杂交包括两大类，即近交杂交和专门化品系杂交。

（二）配套系杂交的优点

配套系间杂交与品种间杂交相比，具有如下好处。

1. 培育品系相对容易些

因为品系的规模比品种要小得多，可在相对较短的时间内培育出新品系，耗资较小。

2. 培育专门化品系可以提高选种效率

史密斯（1964）从理论上对下列两种品系培育法的选种效率进行了比较：第

一种是在一个品系中选择全部目标性状，第二种是在专门化父本品系中选择肥育性状、胴体性状，在母本品系中选择繁殖性状。他认为培育专门化品系的遗传进展速度总要比培育兼用品系快，尤其是当两个专门化品系分别选育的性状呈负遗传相关时，其进展更快，选种效率更高。

3. 品系间杂交的效果更好

因为品系某些基因位点的纯度比品种大，且品系各具特点，所以品系间杂交后把各自的优点结合到商品代个体上，既能利用加性效应，也能获得杂种优势。

4. 品系间杂交所得的商品代整齐

这种系间杂种更便于动物生产的集约化、工厂化。日本学者通过多年的品种间杂交试验得到结论，品种间杂交的商品畜一致性差，原因在于品种内存在较大遗传变异，而品系内的遗传变异度小，杂交后的商品代整齐。

5. 可更好地适应市场需求的变化

配套系的杂交体系只保持具有明显遗传差异的几个系，能有效地应付在时间上或区域上出现的产品在市场上的波动性，是适应市场需要有效的杂交方法。

二、专门化品系

（一）概念

英国学者史密斯 1964 提出了专门化品系的概念。所谓专门化品系，是指生在性能"专门化"的品系，是按照育种目标进行分化选择育成的，每个品系具有某方面的突出优点，不同的品系配置在完整繁育体系内不同层次的指定位置，承担着专门任务。例如，在猪的育种中，根据现代遗传学的理论和长期育种、生产实践，要使猪的重要经济性状，如产仔数、生长速度、饲料报酬、肉质、生活力等都很好地集中在同一品种内是不切合实际的，尤其是那些呈负遗传相关的性状，但是集中力量培育具有 1~2 个突出的经济性状，其他性状保持一般水平的专门化品系是完全可能的。专门化品系一般分父系和母系，在培育专门化品系时，母系的主选性状为繁殖性状，辅以生长性状，而父系的主选性状为生长、胴体、肉质性状。

（二）专门化品系的优点

从现有材料来看，培育专门化父系和母系较之于兼用品系至少有下列好处。

1.有可能提高选择进展

生产性状和繁殖性状这两类性状分别在不同的系中进行选择，一般情况下比在一个系中同时选择两类性状的效率要高些，特别是当性状间呈负遗传相关时。

2.专门化品系用于杂交体系中有可能取得互补性

在作为杂交父本和母本的不同系中分别选择不同类型的性状，然后通过杂交把各自的优点结合于商品代个体上，从理论和实践看，效果都是比较好的。

三、专门化品系的培育

配套系杂交中专门化品系的建立与培育新品种和传统意义上的品系培育的含义不同，建立专门化品系的目的是进行配套杂交，充分利用系间杂种优势，提高动物生产水平和经济效益。例如，艾维菌肉鸡配套系、迪卡猪配套系相对于品种而言，其群体较小。一般每个配套系由四个专门化品系配套，也有二系、三系配套的。每个专门化品系的含量为几十头，是一种小群育种，每个专门化品系只突出1~2个经济性状，遗传进展较快。建立专门化品系的方法有多种，在不同的配套系中其建立方法有别，主要有三种，即系祖建系法、群体继代选育法和正反交反复选择法。

系祖建系法和群体继代选育法在前面已经讲过，本节就配套杂交相关的内容介绍如下。

（一）群体继代选育法

1.明确建系目标

首先，要根据育种目标和实际条件，初步确定采用配套杂交生产商品代，之后，才能确定培育多少个专门化品系，哪一个做父系，哪一个做母系。其次，将重要经济性状分配到不同的专门化品系中作为目标性状，进行集中选择，要在一个群体内集中太多的性状是不可能的，因为选择的性状数目愈多，每个性状在单位时间内的遗传进展愈小。而将各种性状按其遗传特性或杂交配套的要求分散到不同的群体中去选择，每个专门化品系突出1~2个重要经济性状，则可以加快遗传进展，加快系内目标基因型纯合的速度。

2.组建基础群

用群体继代选育法建立专门化品系时，基础群是基本素材，一旦闭锁，中途一般不再引入新的遗传物质，因此，组建一个好的基础群对将来育成的专门化品系起着十分重要的作用。

（1）基础群的来源。专门化品系可在纯种基础上建系，如美国杂交猪生产中，使用产仔多的大白猪和长白猪生产杂交用的母系猪，多以大白猪作为母本，长白猪作为父本；使用结实强健的杜洛克猪和汉普夏猪来生产杂交用的父系猪，多以杜洛克猪作为母本，汉普夏猪作为父本。

专门化品系也可在杂种基础上建系，即在两个或两个以上品种或品系的杂种基础上建系，这样培育出的专门化品系实际上是一种合成品系，其优点是通过杂交扩大了变异，能较快地形成理想中的杂交亲本，但此法要求基础群规模大些，否则不易成功。

（2）基础群的遗传质量。基础群的遗传质量直接影响到选育的进展和建立的专门化品系的质量，因此，必须具备以下三个条件。首先，基础群必须具有广泛的遗传基础，可利用系谱等有关资料与外貌评定，全群普查及现场选择等形式，尽量扩大基因来源，从而构成遗传变异丰富的基础群。其次，基础群内个体要有突出的特点，以某一特定性状目标组成群体时，该特定性状必须优于全群平均水平，具有较大的选择差，以保证基础群具有较高的增效基因频率。除主选性状突出外，其他性状的表型值也应合格，更不应带有隐性有害基因，这就是选择的起码要求。最后，基础群内各个体的近交系数低，如果条件有限，也应力求大部分个体不是近交产物。基础群内的公畜之间应没有亲缘关系，以免过早地被迫进行高度近交。

（3）基础群的规模。基础群太小，则目标性状的变异相对贫乏，就会降低选种效率，而且导致近交程度增加过快，给专门化品系的建立带来局限性和困难；基础群过大，虽然对选种有利，但要受到现场测定能力、畜舍容量、测验费用等的限制。因此，要在权衡两方面利弊的基础上确定群体大小。

3.选择方案和选择方法

（1）选择方案。用群体继代选育法建立专门化品系时，畜群必须闭锁，更新用的后备猪都应从基础群的后代中选择。当基础群封闭后，近交系数就会逐代上升，这意味着基础群内各种各样的基因将通过分离而重组，并逐步趋向纯合。经过严格的若干代选种，就可以使原始基础群变为具有共同优良特点的品系。

（2)选择方法。对专门化品系的父系和母系选择的目标性状和选择方法不同，但都要根据各自的选择指数进行选择，以提高选择的准确性。

4.平均近交系数

用群体继代选育法建立专门化品系时，由于采用的是小群体封闭式多世代连续选择，不可避免地会加速群体的近交速率，群体的平均近交系数必然逐代上升。

专门化品系的平均近交系数低于近交系，但又高于品种内个体间的亲缘系数。一般要求在建立专门化品系时，5~6代后平均近交系数达10%~15%为宜。如果近交系数仅5%~6%，则说明世代不够，选择不够充分；如果近交系数过高（20%以上），则说明了基础群的遗传基础较窄，随机交配体系不够完善，当然，这些只是参考数字。如果近交系数增长过快，则有可能出现近交衰退现象。

5.配合力测定

培育专门化品系的主要目的是在杂交生产中充分利用专门化品系的特殊配合力，即利用专门化品系间的杂种优势，以获得优质高产的商品代。因此，在培育专门化品系的过程中，一般要求从第三世代开始，每一世代都要进行配合力测定，以检验专门化品系的一般配合力以及专门化品系在配套杂交中的地位，同时找到最佳的杂交组合，以便于在生产中推广应用，这也是培育专门化品系与传统品系繁育的区别所在。

进行杂交组合试验时，必须注意试验设计的科学性和试验结果的可靠性。

（二）正反交反复选择法

现代育种技术中配合力测定不单纯是利用杂种优势的测定手段，而且也成为建立新的专门化品系的一种选种选配方法。一个专门化品系性能优劣的重要标志之一就是它与其他专门化品系的配合能力。在建立专门化品系的过程中，把配合力纳入选种选配中，培育出具有高配合力的品系用于配套系杂交，同时，它也是通过基因重组和对优良基因型选择而达到这一目的的。目前世界上的一些专门化品系就是由育种公司采用配合力育种方法建立的。这样建立的专门化品系间有较好的配合力，所以配套杂交后生产出的杂交商品畜具有相当高的生产性能。

正反交反复选择法（Reciprocal recurrent selection，简称RRS）于1945年首先应用于玉米品系培育，从20世纪70年代开始，逐步应用于鸡、猪的品系培育。

1.正反交反复选择法的步骤

图3-2为猪的正反交反复选择法示意图，首先组成A、B两个基础群（基础群组建的要求与闭锁继代选育法基本相同），依性能特征特点不同，定为A、B

两个系，每个系中着重选择的性状应不同，如其中一个系应着重选择生长、胴体和肉质性状，另一个系则着重选择繁殖性状。

第一年把 A、B 两系的公母猪，分为正、反两个杂交组，即 A（雄）×B（雌）和 A（雌）×B（雄），进行杂交组合试验。

第二年根据上年正反杂交结果即根据 F1 代的性能表现鉴定亲本，将其中最好的亲本个体选留下来，其余的和全部后代杂种都一起淘汰肥育用，选留下来的亲本个体必须与其本系的成员交配即分别进行纯繁，产生下一代亲本。

第三年将第二年繁殖的优秀的 A、B 两系纯繁猪选择出来，按第一年的正反两组进行杂交测验。第四年又重复第二年的纯繁工作，如此循环重复地进行下去，到一定时间后，即可形成两个新的专门化品系，而且彼此间具有很好的杂交配合力，可正式用于杂交生产。

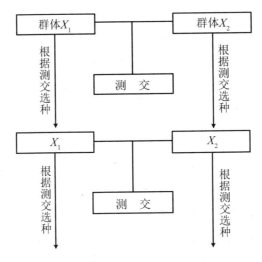

图 3-2　猪的正反交反复选择法示意图

正反交反复选择法，整个过程包括了杂交、选择、纯繁三个部分。其主要优点有三：第一，由于把杂交、选择和纯繁有机地结合在一起，二者不断交替重复使用，既可提高纯系的生产性能，又提高了两系间的特殊配合力，获得了杂种优势；第二，杂种的生产性能指标，既可作为测验双亲杂交的配合力，又可当作 A，B 系的后裔测验成绩；第三，正反交反复选择法既是一种选种方法，又是一种杂交方式，能达到既有效又经济的目的。

2. 改良正反交反复选择法

正反交反复选择法仍有不足之处，因为一年正反杂交，一年纯繁，世代间隔增大了一倍，会延缓专门化品系的育成，于是有人提出了改良正反交反复选择法，将正反杂交和纯繁在同一年内进行，把原 RRS 法时间缩短一半。

具体操作过程：首先组成 A、B 两个基础群，依性能特征不同定为 A 系、B 系。第一年将 A 系母畜的一半与 B 系的公畜杂交，另一半与 A 系的公畜交配进行纯繁，同样地，B 系母畜的一半与 A 系的公畜杂交，另一半与 B 系的公畜交配进行纯繁，杂交后代作肥育测定用。根据杂交效果选择，即从杂交效果好的亲本公畜的纯繁后代中选留种畜，组成一世代。第二年将选留纯繁后代再按第一年正反杂交组合和纯繁办法进行正反杂交和纯繁试验，如此正反交反复选择进行下去，即可育成具有高度杂种优势的两系配套的专门化品系。

在用 RRS 法或改良 RRS 法培育专门化品系过程中，应注意在两系内分别选个体纯繁组成下一世代亲本群时，既要注意避免过度近交，也可对亲本进行适度的温和近交以扩大两系间的基因频率差。

第四章 选配

对于两性动物，无论是父本还是母本都只通过各自所产生的配子为下一代提供一半遗传物质，从而使下一代的基因型及其遗传效应并不简单等于父本或者母本，而是既受父本、母本各自影响，又受二者间的互作影响。所以，要想取得理想的下一代，不仅需要通过选种技术选出育种价值高的亲本，还要特别注重亲本间的交配体制。所谓交配体制，即亲本间的交配组合、方式。为了达到特定目的，人为确定个体间的交配体制称为选配。

选配分为两类：一是品质选配，即据个体间的品质对比进行选配；二是亲缘选配，即据个体间的亲缘关系进行选配。品质选配又可分为同质交配和异质交配两种。亲缘选配则可分为近亲交配、远亲交配两种。

选配是与随机交配相对的，随机交配是指对参加配种的公畜和母畜随机组合交配，或者说每头公畜都有相同的机会与任一母畜交配。

要特别指出的是，无论是选配还是随机交配，它们都是在选择的基础上进行的，也就是仅针对已确定选留参加配种的个体而言的，而并不是针对全群中的所有个体。

第一节　品质选配

品质选配，又称选型交配。它所依据的是交配个体间的品质优劣对比。如果两个个体品质相同或者相似，则其间的交配称为同质选配或者同选配，例如生长速度最快的公畜与生长速度最快的母畜交配，同样，生长速度最慢的公畜则与生长速度最慢的母畜交配；如果两个个体品质不同或者不似，则其间的交配称为异质选配或者异型选配，例如生长速度最快的公畜与生长速度最慢的母畜交配。品质在此指的是性状，既可以指质量性状，也可以指数量性状；既可以指表型上的，也可以指遗传上的（育种值）；既可以指单一性状，也可以指综合性状。

一、同型选配

在育种实践中，同型选配的主要目的是产生优秀后代，将最优秀的公畜与最优秀的母畜交配，在它们的后代中选择最优秀的个体作为下一代的种畜，能够较快地提高群体的遗传水平。在奶牛育种中，常采用这种选配来产生后备种公牛。

同型选配的另一个自然结果是使群体中的表型和遗传变异性加大。在参加配种的公母畜中，"最好"的公畜与"最好"的母畜相配，"最差"的公畜与"最差"的母畜相配，后代更易出现两极分化，因而整个后代群体的变异性加大。因而在育种实践中，是否采用同型选配取决于育种目标和选择的性状，如果希望某一性状的群体平均水平向某一极端方向改变，如希望奶牛群体的平均产奶量不断提高，则可考虑在这个性状上采用同型交配，因为群体遗传变异性越大，选择反应就越大；反之，如果某一性状的中间水平是最理想的，如鸡蛋的大小，过大和过小都是不宜的，或者群体的一致性非常重要，如对某些质量性状，要求群体中的个体具有相对一致性，此时就不宜采用同型选配。

二、异型选配

异型选配的作用与同型选配相反，也就是说，异型选配将更多地产生具有中间类型的个体，使群体的表型和遗传变异降低，群体的一致性加大，因而它的应用也和同型选配相反。

在育种实践中，异型选配常被用于结合双亲的优点，如用产奶量很高，但乳脂率稍低的公牛与产奶量稍低，但乳脂率很高的母牛交配，所产生的后代尽管在产奶量上可能不如父本，在乳脂率上可能不如母本，但其综合性能可能超过双亲。这种交配可称为互补选配。有时异型选配也被用于校正亲本中的某些缺陷，例如一头母猪具有优良的生产性能，但有背部凹陷的缺陷，可用背部表现良好的公猪与之交配，期望在后代既保留母本的优良生产性能，又克服背部凹陷的缺陷。这种交配也称为校正交配。

需要注意的是，互补选配或校正交配的效果往往是不确定的，虽然后代可能会集中双亲的优点，但同样也有可能会集中双亲的缺点，因此在使用时要慎重，尤其是对于繁殖力较低的动物。一般不宜进行相反缺陷的中和，如用凸背的与凹背的个体交配。

第二节　亲缘选配

亲缘选配，就是依据交配双方亲缘关系远近进行选配。如果双方的亲缘关系较近，就叫近亲交配，简称近交；如果双方的亲缘关系较远，就叫远亲交配，简称远交。在遗传学中，只要交配的两个个体有亲缘关系，就称为近交。在实际的家畜群体中，如果仔细地追踪，大部分个体间或多或少都会有亲缘关系。从这个意义上说，几乎所有的交配都是近交，在育种学中，常以随机交配作为基准来区分是近交还是远交。此外，远交细究起来尚可分为两种情况。

（1）群体内的远交。群体内的远交是在一个群体之内选择亲缘关系远的个体相互交配。其在群体规模有限时有重大意义，因在小群体中，即使采用随机交配，近交程度也将不断增大，此时人为采取远交、规避近交，可以有效阻止近交程度的增大，从而避免近交带来的一系列效应。

（2）群体间的远交。群体间的远交是指两个群体的个体间相交配，而群体内的个体间不交配。因为涉及不同的群体，这种远交又称杂交。而且根据交配群体的类别，有时进一步分为品系间、品种间的杂交（简称杂交）和种间、属间的杂交（简称远缘杂交）。但是远交不论是在群体内的还是在群体间的，都可同等看待，因为群体间的远交可以看作是一个大群体内的两部分亲缘关系很远的个体间的交配，效应故而类似，所以可将它们统一讨论。

一、近交

（一）近交程度的度量

由近交产生的个体称为近交个体，个体的近交程度可用近交系数来度量。一个个体的近交系数是指在该个体的任一基因座上的两个基因为同源相同基因的概率。一个基因座上的两个基因分别来自两个亲本，如这两个亲本有亲缘关系，也就是说它们有共同的祖先（一个或多个），则这两个基因就可能会是某个共同祖先的一个基因的拷贝，如果是这样，它们就是同源且相同的，因而称之为同源相同基因。出现这种情况的概率就是个体的近交系数。在图 4-1 中，个体 X 的父亲 S 和母亲 D 是半同胞，它们有一个共同祖先 A，因而 X 是近交个体。由于 S 和 D 可能会从 A 处获得相同的基因（概率为 0.5），而它们又可能都将这个相同的基因传递给 X（概率为 0.25），因而 X 就有可能携带两个同源相同基因（概率为 0.125），或者说 X 的近交系数为 0.125。

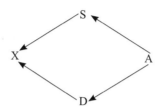

图 4-1　个体 X 的系谱图

　　显然，双亲的亲缘关系越近，同源相同基因出现的概率就越大，后代个体的近交系数就越大。

　　与近交系数密切相关的一个概念是亲缘相关系数，它是两个个体在同一性状的育种上由于亲缘关系导致的相关，是个体间亲缘关系远近程度的一个度量。

　　比较近交系数与亲缘相关系数，容易看出，一个个体的近交系数就等于其双亲的亲缘相关系数的分子的 1/2。如果双亲本身的近交系数都为 0，则它们的后代的近交系数就等于它们之间亲缘相关系数的 1/2。常见的亲属间的亲缘相关系数及它们的后代的近交系数见表 4-1，其中假设这些亲属本身的近交系数为 0。

表 4-1　常见的亲属间的亲缘相关系数及它们的后代的近交系数
（假设这些亲属本身的近交系数为 0）

亲属关系	亲缘相关系数	后代近交系数
亲子	1/2	1/4
全同胞	1/2	1/4
祖孙	1/4	1/8
半同胞	1/4	1/8
叔侄	1/4	1/8
一代双堂兄弟	1/4	1/8
一代单堂兄弟	1/8	1/16

（二）近交的效应

1.增加纯合子的频率

由于近交可使后代的任一基因座上的两个等位基因是同源相同基因的概率增大，这意味着近交个体为纯合子的概率增大，因而在整个群体中，纯合子的比例增大，同时杂合子的比例降低，但不改变群体的基因频率。如果持续地进行近交，则群体会逐渐分化为以不同纯合基因型为主的亚群体或近交系。在极端情况下，当所有个体的近交系数都达到最大即 1 时，群体中的所有个体将全部为纯合子。

2.导致近交衰退

近交衰退有两个方面的表现，一是隐性有害基因纯合子出现的概率增加，由于长期自然选择的结果，有害基因大多是隐性的，其作用只在纯合时才表现。由于近交导致纯合子比例增加，因而隐性有害基因纯合子出现的概率增大。例如，牛的并蹄畸形是由一隐性基因所致，假设该基因在群体中的频率为 $q=1/100$。如果随机交配，则发生并蹄畸形的概率为 $q_2=1/10000$。而如果全同胞交配，则后代的近交系数为 $F=1/4$。近交，隐性纯合的频率约为随机交配时的 26 倍。近交衰退的第二个表现是使数量性状的群体均值下降，这是由于近交使得群体中的杂合子比例下降，如果在一些基因座上存在显性效应，且多数显性都对性状产生有利效应，则杂合子比例下降就意味着有利显性效应的减小，因而使群体均数下降。这种现象尤其对于遗传力较低的性状，如繁殖性状和生活力性状，表现得更为明显。

3.导致家系内的遗传变异性下降

由于近交个体为纯合子的可能性更大，所以其后代与它本身以及后代之间在遗传上的相似性增大，也就是家系内的遗传一致性加大。

（三）近交的用途

1.揭露有害基因

近交增加隐性有害基因表现的机会，因而有助于发现和淘汰其携带者，进而降低这些基因的频率。例如猪的近交后代中，往往出现畸形胎儿，若能及时将产生畸形胎儿的公母猪一律淘汰，就会大大减少以后出现这种畸形后代的可能。此外，还可趁此时机，测验一头种畜是否带有不良基因，为选择把好最后一个质量关。

2. 固定优良基因

近交增大了隐性有害基因的纯合的概率，但同时也使优良基因纯合的概率增大，通过选择，就可能使优良基因在群体中固定。

3. 提高畜群的同质性

近交导致群体的纯合子比例增加，从而造成畜群的分化。随着近交程度的增加，分化程度越来越高。当 $F=1$ 时，畜群分化为各个近交系。例如，如果在一个基因座上有两个等位基因 A 和 a，近交使得纯合子 AA 和 aa 的比例增加。这时，系内的个体高度一致，而系间的个体差异则达到最大。综合选择，我们就可以得到我们所需要的，高度同质的近交系。这种方法尤其对于性状（如毛色、肤色、耳型等）的效果很显著。一方面这些近交系可用于杂交，一般来说，各系内的一致性越高，系间的差异越大，则杂交后代的杂种优势越大；另一方面，高度一致的近交系可为医学、医药、遗传等生物学试验提供试验动物。

（四）防止近交衰退

近交虽有许多用途，但也存在致命的缺陷，即有可能产生近交衰退。因此，除非有特殊的需要，在一般的育种实际中，近交是应该尽量避免的，也就是在选配时要避免亲缘关系较近的个体的交配。在需要应用近交时，也要特别注意防止衰退发生，只有这样才能发挥近交应发挥的作用。防止近交衰退可以采取以下措施。

1. 严格淘汰

严格淘汰是近交中被公认的一条必须坚决遵循的原则。无数实践证明，近交中的淘汰率应该比非近交时大得多。据一些材料报道，猪的近交后代的淘汰率一般可达90%。所谓淘汰，就是将那些不合理想要求的、生产力低下、体质衰弱、繁殖力差、表现出有衰退迹象的个体从近交群中坚决清除出去。其实质就是及时将分化出来的不良隐性纯合子淘汰掉，而将含有较多优良显性基因的个体留作种用。

2. 加强饲养管理

个体的表型受到遗传与环境的双重作用。近交所生个体，种用价值一般是高的，遗传性也较稳定，但生活力较差，表现为对饲养管理条件的要求较高。如果能适当满足它们的要求，就可使衰退现象得到缓解、不表现或少表现。相反，饲养管理条件不良，衰退就可能在各种性状上相继表现出来。如果饲养管理条件过于恶劣，直接影响正常生长发育，那么后代在遗传和环境的双重不良影响下，必将导致更严重的衰退。在育种过程当中，整个饲养管理条件应同具体生产条件相符。如果人为改善、提高饲养管理条件，致使应表现出的近交衰退没有表现出来，将不利于隐性有害或不利基因的淘汰。

3. 血缘更新

一个畜群尤其是规模有限的畜群在经过一定时期的自群繁育后，个体之间难免有程度不同的亲缘关系，因而近交在所难免，经过一些世代之后近交将达到一定程度。此外，无论什么群体在有意识地进行几代近交后，近交都将达到一定程度。为了防止近交不良影响的过多积累，此时即可考虑从外地引进一些同品种同类型但无亲缘关系的种畜或冷冻精液，来进行血缘更新。为此目的的血缘更新，要注意同质性，即应引入有类似特征、特性的种畜，因为如引入不同质的种畜来进行异质交配，会使近交的作用被抵消，以致前功尽弃。

4. 灵活运用远交

远交即亲缘关系较远的个体交配，其效应与近交正好相反。因此，当近交达到一定程度后，可以适当运用远交，即人为选择亲缘关系远甚至没有亲缘关系的个体交配以缓和近交的不利影响。但是同样应注意交配双方的同质性，以免淡化近交所造成的群体的同质性。

二、远交

（一）远交的效应

远交的效应与近交相反，主要体现在以下几方面。

1. 增加杂合子的频率

远交使后代中的杂合子频率增加，同时使纯合子的频率下降。在极端情况下，如果用两个不同的完全近交系杂交，则后代全部为杂合子。

2. 产生杂种优势

和近交衰退相反，杂交由于增加了杂合子的频率，如果在多数基因座上都存在有利的显性效应，则杂交后代的平均数将高于双亲的平均数，这种现象被称为杂种优势。

3. 产生互补效应

互补效应可体现在两个方面：一是同一数量性状内的增效基因间的互补；二是不同性状间的互补。例如，假设某一性状由三对基因制约，A_i 代表增效或高效基因，a_i 代表减效或者低效基因，A_i 对于 a_i 是显性的，$i=1$，2，3。假设一个种群的基因型全为 $A_1A_1A_2A_2a_3a_3$，另一个种群的基因型全为 $a_1a_1a_2a_2A_3A_3$，则可知第一个种群在第三个基因座上缺乏增效基因，第二个种群在第一、第二两个基因座上均缺乏增效基因。但若两个种群杂交，子一代将全为 $A_1a_1A_2a_2A_3a_3$，在三个基因座上都有增效基因。而且如果增效基因都是完全显性，则子一代的群体均值将超过任何一个亲本种群，即出现超越亲本现象。在此，增效基因间的互补效应包含在杂种优势之中。但是注意 $A_1a_1A_2a_2A_3a_3$ 如果互交的话，将有可能出现 $A_1A_1A_2A_2A_3A_3$，这种基因型是两个亲本种群所不具有的，而且若能结合选择，淘汰其他基因型，这种基因型可以固定下来。这意味着杂交可以丰富后代的遗传基础，为创造新的基因型奠定基础。性状间的互补即两个种群在不同性状上表现优异，二者杂交可把两个种群的优良性状集中到杂种子一代上。例如鸡的产蛋数和蛋重是两个性状，A 种群产蛋多、蛋重小，B 种群产蛋少、蛋重大，两个种群杂交可以得到蛋多蛋大的后代。性状间的互补机理可同样以上述同性状增效基因间互补的例子予以说明，只是改设每一个基因座控制一个性状即可。

（二）远交的用途

远交被广泛用于下列几个方面。

（1）在群体内实施远交以避免近交衰退。

（2）在品种或品系间杂交以利用杂种优势和杂交互补。

（3）培育新品种，杂交可以丰富子一代的遗传基础，把亲本群的有利基因集于杂种一身，因而可以创造新的遗传类型，或为创造新的遗传类型奠定基础。新的遗传类型一旦出现，即可通过选择、选配，使其固定下来并扩大繁衍，进而培育成为新的品系或者品种。杂交有时还能起到改良作用，迅速提高低产品种的生产性能，也能较快改变一些种群的生产方向。杂交还能使具有个别缺点的种群得到较快改进。

第五章 杂种优势的利用

在畜牧业发达的国家，90% 的商品猪肉产自杂种猪，肉用仔鸡几乎全是杂种鸡，蛋鸡、肉牛、肉羊等也都是采用杂交方式生产。现代动物生产广泛利用杂种优势以获得巨大的经济效益。

早在 2 000 多年前，我国劳动人民已会用驴、马杂交来生产骡。这种种间杂种较其亲本驴和马具有更好的役用性能，即使骡不能繁殖，也仍深受人们欢迎。早在 1 400 年前，我国后魏的贾思勰《齐民要术》一书中就提到马驴杂交，产生的骡比马、驴具有更好的耐力和役用性能。至于种内品种间的杂交，也在我国有着悠久历史。例如在汉唐时代，人们就从西域引进了大宛马与本地马杂交，生产健壮的杂种马，并总结出"既杂胡种，马乃益壮"的宝贵经验。到了近代，杂种优势利用发展更加迅速。无论现在还是未来，杂交都是动物生产中的一种主要方式。1909 年，沙尔首先建议在生产上利用玉米自交系杂交。1914 年，他又提出"杂种优势"这一术语。以后经过许多人的努力，玉米杂种优势利用在理论上和生产上均取得了令人瞩目的成就。在玉米杂交的启示下，杂种优势利用在动物生产中也得到了普及。但是杂种优势利用绝非只要杂交就可取得满意的效果，而是一项系统工程。它既包括对杂交亲本种群的选优提纯，又包括杂交组合的选择和杂交工作的组织；既包括纯繁，又包括杂交。

第一节 杂种优势及其应用

一、杂种优势的概念

杂种优势是指不同品种、品系间杂交产生的杂种，其生活力、生长势和生产性能在一定程度上优于两个亲本纯繁群体的现象。

表示杂种优势的方法主要有两种：一种是杂种平均值超过亲本纯繁均值的百分率，用杂种优势率表示；另一种是杂种平均值超过任一亲本纯繁均值，用杂种优势比表示。

但是，不同品种、品系间杂交的效果是不同的。杂种优势大体可以分成 3 类：个体杂种优势、母本杂种优势和父本杂种优势。个体杂种优势表现为杂种个体本身在生长、繁殖、生活力和其他性状等方面的提高。母本杂种优势有杂种母畜代替纯种母畜所得到的杂种优势，如产仔数的增加。父本杂种优势是指杂种公畜代替纯种公畜所得到的杂种优势，如日增重的提高，

二、杂种优势的遗传学理论

许多年来，很多研究者对杂种优势的机理进行了探讨，提出了几种假说，如显性说、超显性说、上位说、遗传平衡说等。到目前为止，对杂种优势机理还没有一种比较完善的解释，有待进一步研究。下面介绍这几种假说。

（一）显性说

显性说也称突变有害说，最先是由布普斯提出显性互补假说，后由琼斯于 1917 年补充，称显性连锁假说。该学说的主要论点如下。①显性基因多为有利基因，而有害、致病以及致死基因大多是隐性基因。②显性基因对隐性基因有抑制和掩盖作用，从而使隐性基因的不利作用难以表现。③显性基因在杂种群中产生累加效应。如果两个种群各有一部分显性基因而非全部，并且有所不同，则其杂交后代可出现显性基因的累加效应。④非等位基因间的互作会使一个性状受到抑制或者增强，这种促进作用可因杂交而表现出杂种优势。

不过，这一学说在其解释实际杂种优势现象时存在不完善之处。如显性学说认为杂种优势的大小直接取决于亲本中纯合隐性基因数目，这些基因座在杂交时可能成为杂合状态而表现杂种优势，因此在每个基因座至少有一个显性基因的个体和群体具有最高的杂种优势，而在其他情况下获得的杂种优势将小于该值。然而，在亲本群体中维持许多隐性有害的不利基因纯合子的可能性是不大的。因此根据这一学说在实际中所能获得的杂种优势应是不大的，而这同实际情况并不相符，在玉米杂交中，杂种的生产性能通常超过亲本的 20%，甚至超过 50%。

（二）超显性说

超显性说也称等位基因异质结合说，由沙尔和易斯特提出，并由易斯特于1936年用基因理论将其具体化。该学说认为，杂种优势来源于双亲基因的异质结合，是等位基因间相互作用的结果。由于具有不同作用的一对等位基因在生理上相互刺激，使杂合子比任何一种纯合子在生活力和适应性上都更优越。据此，设一对等位基因 A 和 a，则有 Aa > AA 和 Aa > aa。1945 年，胡尔将这一现象称为"超显性"现象。易斯特后来进一步认为每一基因座上有一系列的等位基因，而每一等位基因又具有独特的作用。因此杂合子比纯合子具有更强的生活力。此后，人们还认为基因在杂合状态时可提供更多的发育途径和更多的生理生化多样性，因此杂合子在发育上即使不比纯合子更好，也会更稳定一些。

超显性说虽然提出很早，但因缺乏直接的实验证据而不被重视，直到后来发现了一些实验证据才逐渐被人们所接受。譬如其对玉米杂交所表现的高度杂种优势的解释，较显性学说更具说服力。但是尽管如此，超显性说仍存在一些难以解释的问题，而遭到一些学者的反对。

（三）上位说

上位说认为，杂种优势产生于各种非等位基因间的互作。杂交增加群体杂合程度，非等位基因间互作加强，使杂种优于双亲。

（四）遗传平衡说

显性说、超显性说和上位说在对杂种优势的成因解释上都不是完整的和全面的。因为杂种优势往往是显性和超显性共同作用的结果。有时一种效应可能起主要作用，有时则是另一种效应起主要作用。在控制一个性状的许多对基因中，有些是不完全显性，有些是完全显性，还有的是超显性，有些基因之间有上位效应，另一些基因之间则没有上位效应等。所以杜尔宾（1961）认为："杂种优势不能用任何一种遗传原因解释，也不能用一种遗传因子相互影响的形式加以说明。因为这种现象是各种遗传过程相互作用的总效应，所以根据遗传因子相互影响的任何一种方式而提出的假说均不能作为杂种优势的一般理论。尽管上述几种假说都与一定的试验事实相符，无可争辩地包含一些正确的看法。但这些假说都只是杂种优势理论的一部分"。近些年来，许多研究和进展都对这一观点给予了更多的支持和佐证。例如，人们在蛋白质、氨基酸序列、DNA 等各种不同水平上均发现存在有大量多态现象。这种多态现象是维持群体杂种优势的一个重要因素，它可以增强群体的适应能力，保持群体的生活力旺盛，故可认为是对超显性学说的支持。但随着分子遗传学研究的深入，对基因的认识已有很大改变，发现基因间的作用相当复杂，难以明确区分显性、超显性、上位等各种效应。

三、杂种优势分析中的新思路

杂种优势分析的传统方法是进行配合力分析。而利用数量遗传学的一个新概念——杂种遗传力来分析杂种优势是一种新思路，不用进行配合力估计。这个新的遗传参数还将把杂交与纯系育种统一起来。两个纯系杂交只是单个品种和品系育种的一个特例。

（一）将杂种遗传力引入杂种优势分析

在杂交育种中，传统的分析是把杂交子一代的杂种优势剖分为一般杂种优势和特殊杂种优势。剖分的方法是定义一般配合力即某一品种或品系在所有杂交组合中的成绩，而特殊配合力估计的是某两个特有的杂交效果，由这一杂交子一代减去这两个品种或品系的一般配合力成绩后所剩余的部分来估计。如果将杂种遗传力的概念引入杂交分析，估计的是遗传方差中加性方差的比率，而非加性部分才是我们真正要估计的，这才是真正的杂种优势。杂种遗传力低时，该杂交具有较高的杂种优势。

（二）杂种遗传力的意义

从生物的角度来看，杂种遗传有更加深远的意义。除了育种以外，还涉及进化，当两个品种杂交时，我们就得到一个遗传力较高的杂种；当两个杂交种再杂交时，它的二代杂种遗传力就更高，如果这种过程进行下去，将得到 n 代杂种遗传力，它的值接近于1，此时所有后代个体都表现这一性状，该性状就变成本能。当然，要将这种性能固定，还需某种隔离机制和新突变的产生。这就把数量遗传和进化论联系起来了。用提高杂种遗传力的方法来造成进化现象，这就开辟了一个新的进化工程领域。

四、杂交的应用

前面已经讲过，杂交在动物生产中应用广泛，最常用的有以下几种。

（一）导入杂交

如果一个品种已有较高的生产性能，但还存在某些或个别缺点，而这些缺点用本品种选育不能很快得到改进，这时可以考虑采用导入杂交。导入杂交又叫引进外血。导入品种应具有本品种所要求改进性状的优势，同时又不致使本品种原有优点丧失。究竟导入多少外品种血统，要根据育种的要求来定，如需要 25% 的外血或 12.5% 的外血等。

（二）级进杂交

当需要改变原有品种主要生产力方向时，我们可以采用级进杂交，如改良粗毛羊为细毛、半细毛羊，改良役用牛为乳用或肉用牛。关于级进代数的问题，主要应根据当地自然和饲养管理条件以及杂种的表现而定，并在适当的代数进行自群繁殖，稳定优良性能。

（三）育成杂交

用两个或两个以上的品种进行杂交，在后代中选优固定，育成新品种的杂交方法叫育成杂交，也称杂交育种。例如，中国荷斯坦牛就是用育成杂交培育成的，再如美国的肉牛王品种就有 50% 的布拉门牛，25% 的海福特牛和 25% 的短角牛血统。还有，加拿大的育种学家用 12 年的时间培育新品种拉康伯猪，该品种含 55% 的兰德瑞斯猪、23% 的巴克夏猪和 22% 的切斯特猪的血统。它的生产性能略高于约克夏猪。由于拉康伯猪不含有约克夏猪的血统，因此用这两个品种猪杂交生产商品猪效果很好。

（四）经济杂交

在动物生产中，为了获得高产、优质的商品代而使用的杂交方法称经济杂交，如二元杂交、三元杂交、四元杂交、轮回杂交、顶交、近交系杂交等。经济杂交的目的是利用最大的杂种优势。

（五）远缘杂交

1. 远缘杂交的概念

不同物种间杂交属于远缘杂交。马和驴是不同种的家畜，它们杂交产生骡。我国早在秦朝就有关于骡的记载。人们把马生的骡叫马骡，把驴生的骡叫驴骡。骡具有体格大、结实、有力、耐劳、抗病力强、使用年限长等优点。远缘杂交的后代一般不能正常繁殖。比种更远的分类单位，如属、科之间的遗传差异更大，极少数情况可以自然交配进行杂交。

2. 远缘杂交的实例

（1）猪属。家猪与欧洲野猪或亚洲野猪都能杂交，产生有繁殖力的后代。杂种猪体质结实、耐粗饲，但肉质粗。

（2）牛属。黄牛与牦牛杂交，杂种叫犏牛。犏牛体型大，驮运能力强，适应高原气候。公犏牛没有繁殖能力，母犏牛能正常发情，无论与公黄牛还是与公牦牛交配都能产生后代。

黄牛与水牛杂交也有成功的实例。杂种牛外貌似水牛，但也有黄牛的某些特征（角短、尾圆、初生牛犊的毛尖黄红色）。杂种牛具有拉力大、持久性强、耐热、抗病力强、生长快等特点。据报道，杂种母牛有繁殖力。在牛属动物中，远缘杂交成功的例子还有黄牛与美洲野牛，黄牛与爪哇牛，黄牛与瘤牛等。

（3）马属。马与驴杂交，杂种不育。马与野驴杂交，杂种不育。斑马与驴杂交，杂种也不育。

（4）骆驼属。单峰驼与双峰驼杂交，杂种公母都可育。

（5）绵羊属。绵羊与山羊杂交是不同属间杂交。这类试验有过不少报道。但是受精后常在怀孕初期发生流产。母绵羊与公山羊杂交的杂种叫"绵山羊"，母羊有繁殖力。母山羊与公绵羊杂交的杂种叫"山绵羊"，杂种的繁殖力还不肯定。

（6）原鸡属。鸡与火鸡杂交，杂种无繁殖力。鸡与鹌鹑杂交，杂种无繁殖力，其孵化期为 19 d，介于鸡（21 d）和鹌鹑（17 d）之间。鸡与其他属间杂交成功的还有鸡与野鸡、鸡与珠鸡、鸡与孔雀等。

（7）鸭属。鸭与番鸭杂交，杂种叫半番鸭，其中雄性有繁殖力。

（8）其他动物。狮与老虎的杂交后代已在有些动物园中看到。

3. 远缘杂交的意义

远缘杂交对动物生产有重要意义。它可以丰富现有家畜家禽品种的基因库，提供了创造新的品种，甚至创造新的物种的途径。一些高度培育的品种，适应性下降，可以考虑用野生物种远缘杂交，以提高适应性。例如，家猪和野猪的杂交。近代生物学的发展阐明了许多种与种之间的隔离机制，在理论上解决了远缘并非不可杂交的问题。人工授精和精液保存技术的应用，使过去许多在自然情况下不能杂交的物种，在实际上有了交配的可能。现代生物技术的成果为远缘杂交开辟了广阔天地，不仅种、属、科间可以杂交，就连目、纲、门、界间也有可能杂交。我们相信，分子育种将有广阔前景。

第二节　杂种优势利用的主要环节

一、杂交亲本的选优

杂交用的亲本种群的选择关系到杂交能否取得最佳效果，因此意义非常重大。就杂交亲本种群而言，需要注意杂交类别、初选以及选育等问题。

（一）品种间杂交

家畜家禽品种数量多、特点各异。以猪为例，国内有地方品种 48 个、培育品种 12 个、主要引入品种 6 个（《中国猪品种志》）。其中地方品种和引进品种间的主要区别在于：地方品种适应性强，耐粗饲，而引进品种大多对饲养管理环境要求较高；地方品种的肉质鲜嫩、极少见 PSE 肉，而引进品种多肉质较粗硬、有些品种常见水猪肉；地方品种大多比引进品种产仔数多；但是地方品种猪的饲料利用率差、胴体瘦肉率低，而引进猪种却相反。可见地方猪种和引入猪种各具特色。因此二者之间如果杂交，即可充分利用杂种优势。因此，长期以来，使用品种间杂交一直是商品猪生产的主要方式，对猪及大家畜而言，品种间的杂交将来也依然占据着重要地位。

但是，品种作为杂交用的亲本种群存在如下一些问题。

（1）家畜家禽品种一般分布较广、变异较大，因而使其提纯工作有难度。由于种群不纯，杂交效果就不可能很理想。种群不纯，种群间的基因频率差异就不可能太大，杂种优势不可能显著；种群不纯，杂种的一致性就差，不易达到商品的规格化。

（2）家畜家禽品种的培育难度大、所需时间长，需十几年到几十年，从而限制了种群的推陈出新、难以适应现代化生产快节奏和市场变化的需要。

（3）一个品种的培育工作不可能在一个牧场内进行，而协调各场的选种工作困难较大，资金筹集难度大。

（二）品系间杂交

品系种类多，有近交系、合成系、专用系、配套系等。随着动物生产的发展，品系的概念、范围及育成方法都有很大变化。品系已不局限于一个品种之内，而有可能直接育成，即不隶属于任何一个品种，如配套系。在育成方法上，已不局限于近交一种途径，而包括了杂交、合成等各种手段。品系因为具有一系列的特点，已被越来越多地用于杂交之中，尤其是在鸡、猪等小型动物中。目前，动物生产发达的国家，养鸡业已基本上全部采用品系间杂交，养猪业也在迅速向品系间杂交过渡。品系间杂交具有以下特点。

1. 品系培育速度较快

品系培育的速度比品种培育的速度快有以下原因：品系既可以在品种内培育，又可以在杂交基础上建立；质量要求不如品种全面，可以只突出某些特点；群体数量要求不用很多，分布也不要求很广；培育代数不会太多，近交问题就不会太突出，有了更好的品系就可淘汰较差的品系，使得培育一个品系要比培育一个品种快得多；培育大量杂交用的种群，增加新的杂交组合，为不断选择新的理想的杂交组合创造了有利条件。

2. 品系数量多

品系数量多就有可能加快淘汰速度，因而遗传质量的改进不仅可以通过种群内的选育而渐进，而且可以通过种群的快速周转而跃进。

3. 品系的范围较小

品系的范围较小使种群的提纯比较容易。而亲本群纯不但能提高杂种优势和杂种的整齐度，而且能够提高配合力测定的正确性和准确性。

4. 品系的培育较易进行

品系培育工作在较小的范围内就可进行，容易实施。每个牧场可以根据自己的条件筹集资金，制定培育方案，确定饲养管理方式，这样可以充分发挥各场的优势和积极性。

二、杂交亲本群的选择

动物品种、品系很多，但并不是任何品种、品系都可用于杂交。因为在杂交中，对亲本群在杂交中担负的角色不同，而有不同的要求。

（一）对母本群的要求

（1）母本群应数量多、适应性强，这是因为对母畜的需要最大。母本群种源来源充足很重要，而且适应性强的家畜便于饲养管理、易于推广。

（2）对母本群要求繁殖力高，泌乳能力强，母性好。因为母本群既决定了一个杂交体系的繁殖成本，又会影响杂种后代的生长发育。

（3）母本群在不影响杂种生长速度的前提下，体格不一定要求太大，体格太大浪费饲料。有些肉鸡配套系选用小型鸡作为杂交母本，节约饲料成本，就是这个道理。

（二）对父本群的要求

（1）父本群的生长速度要快，饲料利用率要高，胴体品质要好。这些性状的遗传力一般较高，可期望种公畜将这方面的优良特性遗传给杂种后代。

（2）父本群的类型应与对杂种目标性状的要求一致。如要求生产瘦肉型猪时，即应选择瘦肉型猪作为父本。

纯繁和杂交是整个杂交育种工作中两个相互促进、相互补充的过程。要把亲本种群的纯繁选育工作做好，把那些在纯繁阶段可以通过选择提高的性状尽量提高，否则，盲目杂交是不可能取得良好效果的。即使是那些遗传力较低的性状，因个体表型选择无效，也应通过其他的选择方法，诸如同胞测验或后裔测验，使之改进。

三、杂交组合的筛选和配套杂交

杂交不应滥用，无计划杂交的后果是杂种的表现从最好到最坏，什么样的都有。有些地方从国外进口一些名贵品种，花钱很多，引进后又没有很好的育种准备，经过无计划杂交之后，分离严重。经几代之后，原种消失，然后再从国外进口，这样收效不大，浪费惊人。

（一）杂交组合的筛选

杂交组合的筛选很重要，因为不是任何杂交都是有利的。要根据对父本和母本的基本要求，进行配合力测定，从多个杂交组合中选优。

亲本群的选育，有时还希望在选优提纯的同时，能提高两个特定种群间的特殊配合力，即杂种优势。正反交反复选择法的设计就是为了此目标。这种方法是对两个种群中的每头种畜根据正反杂交后代的表现进行评定的，只有杂交后裔优越的种畜才选留下来进行纯繁，纯繁的后代再进行正反杂交试验，选出优秀个体。如此杂交—选种—纯繁反复进行，以选育出杂交效果良好的种群。不过此法操作起来比较复杂，实效与其他方法比较尚无定论。

（二）配套杂交

杂交属于一项系统工程，涉及多个种群，多个层次。这些种群、层次只有充分发挥相互间的协同作用，才能使得杂交取得最佳效果。所谓协同，即分工明确、层次井然、结构合理、互补互作、相辅相成。为此，杂交已逐渐发展到配套系的配套杂交水平，尤其是在鸡、猪方面。鸡的配套系杂交起步较早，发展较快。今天，无论是蛋鸡还是肉鸡，无论是国外还是国内基本上都是用配套系杂交生产商品鸡。猪的配套系杂交起步略迟，但是近些年来发展极为迅速。国外有迪卡猪配套系、PIC 猪配套系等；近些年来，国内也陆续育成了一些猪的配套系。在此，仅对配套系杂交的组织与实施中的一些基本问题做一介绍。

配套系的杂交是从配套系的培育开始的，其与选育是紧密相结合的。配套系有下列一些特点：①配套系的培育不以仅仅育成一个品系为目的，而是以与其他品系配套杂交高效率地生产优质商品杂种为目的。②配套系的育种素材可以是多种多样的，既可以是一头优秀的系祖，也可以是一群来源不同的个体；既可以是一个品种或者品系，也可以是几个品种或者品系。③配套系的培育可以采用近交、群体继代、合成等各种方法。④配套系在规模上可以略小，在结构上可以略窄，但其特点必须突出，纯合程度要高，表型的一致性要强。⑤配套系与同一杂交体系内的其他配套系杂交，要能充分利用相互间的互补效应。

配套系的培育只是为配套系的杂交奠定了物质基础。但要确定真正用于杂交配套的配套系及几系配套尚需进行配合力的测定。配合力的测定不仅在配套杂交体系确立之前进行，也在配套系杂交过程中进行。因为新的配套系不断出现，要求寻找更好的配套组合；参与配套杂交的配套系不断选优提纯，配合力测定可以提供新的信息。

配套杂交可能是二系配套、三系配套、四系配套，甚至更多的系配套。不同的配套模式涉及的种群数目不同，生产过程不同。另外，在整个杂交体系中，涉及选育、扩繁以及生产商品等多种任务。这些问题要求在配套杂交体系中有一定的层次分级。常见的是二级杂交繁育体系和三级杂交繁育体系。图5-1、图5-2及图5-3分别是二系配套二级杂交繁育体系、三系配套三级杂交繁育体系以及四系配套三级杂交繁育体系的示意图，但是具体采用几级繁育体系需依具体情况而定。

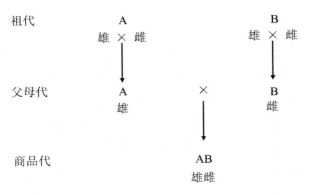

图5-1 二系配套二级杂交繁育体系

对体系内各级种群的要求是不同的。例如在肉鸡的四系配套中（图5-3），父本品系总的要求是体重大、早期生长发育快，其中对 A 系的体重和早期生长速度要求更高，而对 B 系则要求有更强的生活力。母本品系总的特点是生活力强、产蛋量高，其中对 C 系要求蛋大和早期生长速度较快，而对 D 系则要求生活力更强和产蛋量更高。

体系内各级种群的任务也是不同的。例如在三级体系内，对曾祖代主要是根据育种任务和目标进行选优提纯，同时为其他层次提供优秀的后备种畜；对祖代主要是将曾祖代所培育的纯种扩大繁殖和为父母代提供足够数量的纯种或杂种后备种畜；父母代的主要任务是繁殖生产商品用种畜。

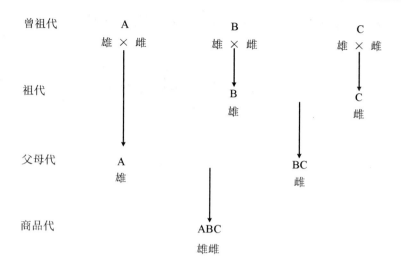

图 5-2 三系配套三级杂交繁育体系

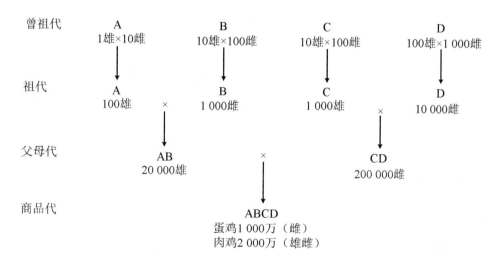

图 5-3 四系配套三级杂交繁育体系

　　配套杂交体系除了具有层次性外，还有结构问题。这是因为不同层次和不同群体在杂交体系中的角色和任务不同，从而使其所需要的数量也不同，而在每一群体内也存在由性别、年龄、生长阶段所决定的结构问题，各层次的各群体及各群体内各类个体的数量的确定需考虑繁殖率、成活率、性别比等一系列因素。

　　随机抽样性能测定是配套杂交繁育体系组织、运行的最后一个重要环节，其目的在于检验最后生产的商品家畜的生产性能是否符合要求。

第三节 经济杂交方式

在杂种优势利用中，最终商品代的整个生产过程可能涉及不同数量的种群、不同数量的层次以及不同的种群组织方法。杂种优势利用中常用的一些经济杂交方式如下。

一、二元杂交

二元杂交即两个种群杂交一次，一代杂种无论是公是母，都不作为种用继续繁殖，而是全部用作商品。二元杂交是最简单的一种杂交方式，对提高肉、蛋、奶等经济性状的产量有明显效果。例如，用长白猪或大白猪作为父本，本地猪作为母本，杂交一代就是商品猪。这种二元杂交效果已被肯定。

图 5-4 表示二元杂交模式，其中 A、B 代表两个品种或品系，对于 A、B 间的杂交组合，我们记为 AB 或者 1/2A 1/2B。后者中的系数表示一个品种或品系对其杂种后代的基因贡献率。

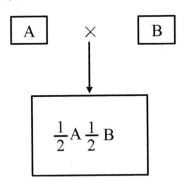

图 5-4 二元杂交模式

这种杂交方式显然很简单，但除了杂交以外，尚需考虑两个亲本群的纯繁、选育，通常人们对父本群采取购买的办法解决，而对母本种群的更新补充则是通过购买公畜与杂交用的母畜群进行几代的纯繁解决。这种杂交方式尚有一个最大的缺点，即不能充分利用母本群繁殖性能方面的杂种优势。因为在该方式之下，用以繁殖的母畜都是纯种，杂种母畜不再繁殖。而就繁殖性能而言，其遗传力一般较低，杂种优势比较明显。因此，不予利用将是一项重大损失。

二、三元杂交

三元杂交是先用两个品种或品系杂交，所生杂种母畜再与第三个品种或品系杂交，所生二代杂种作为商品代。例如在猪的生产中，用长白猪与大白猪先行杂交，所生二代杂种母猪再与杜洛克公猪杂交，三元杂种不论公母一律作为商品猪育肥出售。这种杂交方式就属于三元杂交（图5-5）。例如，肉鸡生产中，可以用白洛克 A 系公鸡与白洛克 B 系母鸡杂交，杂种母鸡 AB 再与科尼什 C 系公鸡杂交，商品代 ABC 皆肉用。

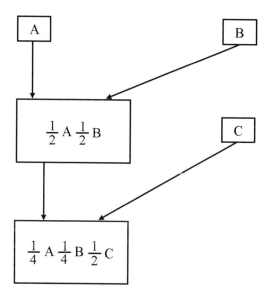

图 5-5 三元杂交模式

三元杂交在对杂种优势的利用上一般要优于二元杂交。首先，在整个杂交体系下，可以利用二元杂种母畜在繁殖性能方面的杂种优势，二元杂种母畜对三元杂种的母体效应也不同于纯种。其次，三元杂种集合了三个种群的遗传物质和三个种群的互补效应，因而在单个数量性状上的杂种优势可能更大。但三元杂交在组织工作上，要比二元杂交更为复杂，因为它需要有三个不同品种或品系的纯种群，而且每个品种或品系都要纯繁和选育。

三、四元杂交

四元杂交是用四个品种或品系参与，先进行两种二元杂交，产生两种杂种，然后两种杂种间再进行杂交，产生四元杂种商品代。这种杂交方式最初用于生产杂交玉米，目前在动物生产中主要用于鸡，具体过程见图5-6。例如，蛋鸡或肉鸡的配套系沿用四元杂交，A系公鸡与B系母鸡杂交，产生AB杂种鸡，C系公鸡与D系母鸡杂交，产生CD杂种鸡。再用AB公鸡与CD母鸡杂交，产生ABCD商品鸡。

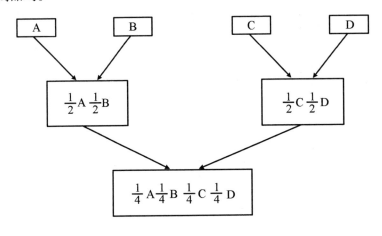

图5-6 四元杂交模式

四元杂交的优点是比二元、三元杂交遗传基础更广，可能有更多的显性优良基因互补和更多的互作类型，从而可能有较大的杂种优势——既可以利用杂种母畜的优势，也可以利用杂种公畜的优势。杂种公畜的优势主要表现在配种能力强、可以少养多配及延长使用年限，降低公畜成本等方面；由于大量利用杂种繁殖，纯种就可以少养。而养纯种比养杂种成本高，特别是对近交系而言。

由于四元杂交涉及四个品种或品系，所以其组织工作就更复杂一些。但在家禽中同时保持几个纯种群比较容易，因此实际中这种杂交方式采用得比较多。

杂交繁育体系分几个层次，如原种场、测定站、繁殖场、商品场等，它们相互配套，形成体系。

四、轮回杂交

轮回杂交是用两个以上品种按固定的顺序依次杂交，纯种依次与上代产生的杂种母畜杂交。杂交用的母本群除第一次杂交使用纯种之外，以后各代均用杂交所产生的杂种母畜，各代所产生的杂种除了部分母畜用于继续杂交之外，其他母畜连同所有公畜一律用作商品。图 5-7 和图 5-8 是常用的二元轮回杂交和三元轮回杂交的示意图。

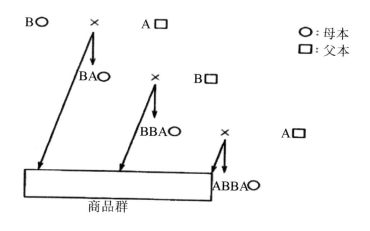

图 5-7　二元轮回杂交示意图

轮回杂交具有下列优点：第一，除第一次杂交外，母畜始终都是杂种，有利于利用母畜繁殖性能的杂种优势；第二，对于单胎家畜，繁殖用母畜需要量较多，杂种母畜也可用于繁殖，采用这种杂交方式更合适，因为二元杂交不能利用杂种母畜繁殖，三元杂交也需要经常用纯种杂交以产生新的杂种母畜，对于繁殖力低的家畜，特别是大家畜都不适宜；第三，轮回杂交只需要每代引入少量纯种公畜或利用配种站的种公畜，而不需要自己维持几个纯繁群，这在组织工作上比较方便；第四，由于每代交配双方都有相当大的差异，因此始终能产生一定的杂种优势。二元轮回杂交不同世代对显性效应的利用程度是不同的。假设一代杂种为 100%，则杂种二代因有一半基因座纯合而降为 50%，当达到平衡时，大约可利用 2/3 的显性效应。三元轮回杂交也是逐代变化，当达到平衡时，大约可以利用 86% 的显性效应。

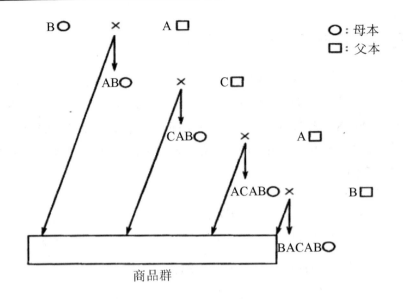

图 5-8 三元轮回杂交示意图

但是轮回杂交也有一些缺点。如每代都需要变换公畜，即使发现杂交效果好的公畜也不能继续使用。公畜在使用一个配种期后，要么淘汰，要么闲置几年，直到下个轮回再来使用，因此，可能造成较大浪费。克服的办法是使用人工授精或者几个畜场联合使用公畜。另外，配合力测定不好做，特别是在第一轮回的杂交期间，配合力测定本应在每代杂交之前，但是这时相应的杂种母畜还没有产生，为了进行配合力的测定，就必须在一种类型的杂种母畜大量产生前，先生产少数供测定用的该类型杂种母畜，这就比较麻烦。但在完成第一轮回的杂交以后，只要方案不变，就不一定再做配合力的测定。

猪中使用轮回杂交的实例，如用巴克夏猪、约克夏猪和波中猪进行轮回杂交。

五、顶交

顶交是指用近交系的公畜与无亲缘关系的非近交系母畜交配。这种杂交方式主要用于近交系的杂交，因为近交系的母畜一般生活力和繁殖性能都差，不适宜作为母本。但用非近交系作为母本，容易因种群内的纯合程度较差而使后代发生分化，从而难以得到规格一致的产品补救的办法是父本要高度提纯，使得公畜在主要性状上基本都是优良的显性纯合子。这样即使母本群的纯度稍差一些，影响也可能不大。另一个办法是改用三系杂交，先用两个近交系杂交生产杂种母畜，再用另一近交系公畜杂交。

据上可知，各种杂交方式特点不同，适用场合也有不同。在实际的杂交当中，应据具体情况确定所选用的杂交方式。

第六章　繁育体系与育种组织

第一节　繁育体系

一、繁育体系的概念及形式

（一）繁育体系的概念

繁育体系是有效地开展动物育种和杂交利用的一种组织体系，是由一系列育种和生产单位组成的。在这个体系中，包括纯种扩繁和杂交制种两方面的技术工作和组织工作。动物育种规划必须通过繁育体系中的实体来实施，把育种目标变为现实。

1. 遗传改进的传递

家畜家禽改良是通过对种畜、种禽的选择，在核心群中取得一代又一代的进展。核心群取得的遗传改进，通过繁育体系，逐级地推广至繁殖群，扩展到商品群。这意味着用于核心群的投资主要不能从核心群本身得到回报，而要通过繁育体系，最终在商品群上显示投资效益。

2. "金字塔"形的繁育体系

繁育体系呈"金字塔"形，如图6-1所示。其中"金字塔"顶部是育种场（原种场），核心群在育种场里选育，对已选择的品种、品系进行纯繁提高。一般自身应有测定设施或与畜禽测定站配合建立测定制度，以获取最大的遗传改进。"金字塔"中部是繁殖场，饲养繁殖群。它的基本任务是将来自核心群的纯种扩群繁殖，向商品场提供后备种母畜或提供品种、品系杂种母本。"金字塔"的底部是商品场，饲养商品代。它的任务是按照育种计划规定的杂交模式，组织优质的商品畜禽上市。

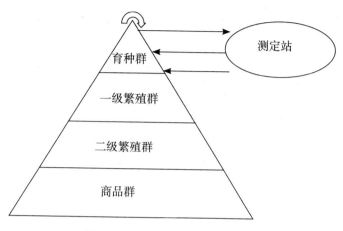

图 6-1 "金字塔"形的繁育体系

3. 遗传时距的传递模式

在繁育体系中，核心群的遗传改进需要通过繁殖群传递到商品群。此过程是核心群的优良基因流传递到商品群的流程。这里有一个遗传时距的问题。遗传时距指一次选择的遗传进展从核心群全部传递到商品群的时间。繁育体系中优良基因的流向是从塔顶向塔底，而且是不可逆的。如何缩短时距，关系到由繁育体系带来的经济效益问题。

遗传时距有两种不同的传递模式。

模式 1：逐级传递，公畜、母畜严格按级传递。公畜取得的遗传进展由核心群传递到繁殖群，再由繁殖群传递到商品群。

模式 2：公畜越级传递，母畜逐级传递。公畜取得的遗传进展可以由核心群直接传递到商品群。这种模式的遗传时距比模式 1 缩短一半。

二、繁育体系的主要形式

繁育体系的形式有多种，它取决于畜种、生产条件和技术水平等因素。这里仅举两种常用的繁育体系为例。

（一）猪的繁育体系

我国养猪生产近年主要考虑提高商品猪的增重速度、出栏率和瘦肉率。由于地方猪品种的生长速度较慢，瘦肉率较低，一般需要用优良品种与其杂交，常使用生长快、瘦肉率高的长白猪、汉普夏、杜洛克、大约克夏等品种。杂种猪与母本比较，可提高日增重 10%~20%，增加瘦肉率 5%~10%。但是，这需要建立猪的繁育体系才能收到良好的效果。

在商品猪生产中，最常用的是二元杂交和三元杂交的三级繁育体系，即有原种场、繁殖场和商品场，有条件的地方可建立猪的测定站。图 6-2 说明了猪的二元和三元杂交繁育体系。

1. 原种场

纯繁、保持和提高纯种猪的性能水平，为繁殖场提供种猪。

2. 繁殖场

饲养由原种场转入的纯种猪，并繁殖扩群，同时还要按选种要求详细记录生产性能资料，为原种场提供数据。

3. 商品场

生产商品猪。无论是二元或三元杂种商品场都应给养猪专业户提供小猪。

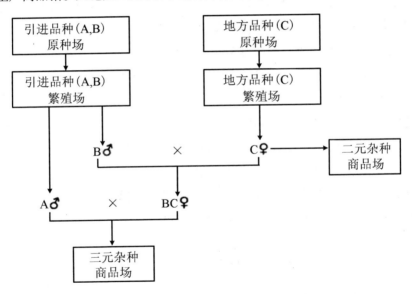

图 6-2 猪二元和三元杂交繁育体系

（二）蛋鸡、肉鸡的繁育体系

建立蛋鸡、肉鸡繁育体系，便于使用配套系和推广优良杂交组合，提高生产效益。鸡繁育体系一般分为三级，另设有为原种场服务的测定站。图 6-3 说明了蛋鸡、肉鸡繁育体系。其中各级场的任务如下。

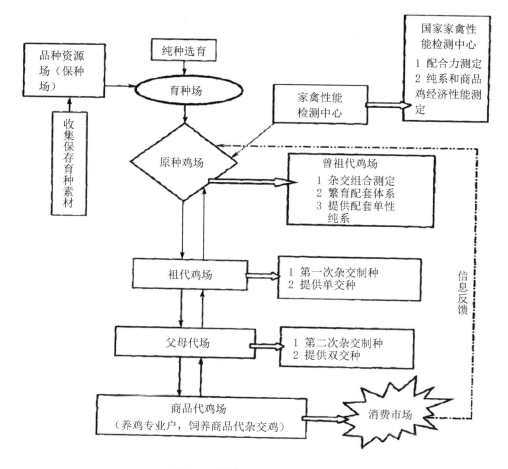

图 6-3　蛋鸡、肉鸡的繁育体系

1. 原种场

用现代选种方法育成多个纯系，为繁殖场提供经配合力测定的曾祖代种鸡。

2. 测定站

测定由原种场生产的纯系和不同的杂交组合，包括 2 系、3 系、4 系杂交组合，把经过测定的纯系提供给原种场，筛选出配合力好的纯系进行配套。

3. 繁殖场

繁殖扩群，把曾祖代或父母代种鸡扩繁为祖代或父母代种鸡；为商品场提供商品鸡。

4. 商品场

利用商品蛋鸡或商品肉鸡生产。这里也包括养鸡专业户的参与。

假如某地区市场需要 1 000 万只蛋鸡或 2 000 万只肉鸡，现以四系配套为例，建立繁育体系，由 1 210 只原种曾祖代母鸡，在三年内可以生产 1 000 万只商品蛋鸡或 2 000 万只商品肉鸡。曾祖代已经配合力测定，选出 A 系、B 系、C 系和 D 系。每个系公、母种鸡数分别为 1 和 10，10 和 100，10 和 100，100 和 1 000。经收集 10 周种蛋孵化，可以提供祖代种鸡所用数量。祖代用 A 系 100 只公鸡与 B 系 1 000 只母鸡交配，用 C 系 100 只公鸡与 D 系 1 000 只母鸡交配，经收集 20 周种蛋孵化，可以提供父母代种鸡 AB 和 CD 的数量足够生产商品蛋鸡或肉鸡。

三、建立繁育体系应注意的问题

（一）繁育体系中的各级场要配套

由于原种场是繁育体系里畜群的核心部分，相对数量少，质量要求高，需要有现代的饲养、管理、育种和疾病控制条件，还需有较多的投资和较强的技术力量。这些不是一般基层单位都可以办到的，市、县以下的行政单位不宜办原种场。根据以上条件，各经济区、省（自治区）、市及某些省辖市可以建立原种场，一般地、市、县可以建立繁殖场。地、市、县以及乡镇、专业户都可以建商品场。现在有些大的育种公司也在构建自己的繁育体系，如家禽方面，相对容易些。

（二）加强种畜的选育

建立繁育体系，对父本和母本选育的提高是基础。通常父本所需数量比母本少得多，比较而言，父本选育较好解决，而母本选育要做大量的工作。离开了母本选育的提高，体系就难以维持。在我国，一个繁育体系的父本常用国外引进优良品种，其遗传特性稳定，生产性能高，品种内差异小；而母本则用地方良种，数量多，但生产性能比较低，个体间差异大。只有加快母本选育，才能提高商品代的生产水平，确保繁育体系运行的经济效益。

父本选育侧重适应性和保持其原有高产性能；母本选育侧重改良其生产性能和群体的整齐度。

（三）推广良种要经过试点

良种或配套系是在一定环境条件下培育成的，换一个新地方或在不同环境中，由于基因和环境互作的改变，不一定能保持原有水平。在大规模推广之前，需经过小范围试验。不顾推广地区的自然条件和社会经济状况，追赶潮流，盲目推广，不仅不会达到预期的效果，甚至会带来不必要的损失。

良种在试区要边选育边扩群，凡是有条件的农牧场、乡镇的场、站、专业村和专业户都可以扩群。同时进行杂交组合筛选，选出适于当地条件、经济效益好的杂交组合，然后在此基础上进行大面积推广。

（四）建立繁育体系的同时，不可忽视保种

繁育体系的母本多用地方品种。在搞好杂交利用的同时，不能忽视地方品种的保种。如果只顾考虑良种和杂种带来的高效益，而不对地方品种母本选育和保存，会导致地方品种的混杂和消亡。因此，在繁育体系中，地方品种的一部分作为杂种用母本或用引进优良品种改良，一部分要建立品种的保种场，为将来继续利用和保存特有的基因库提供可靠保障。

（五）现存杂种的合理利用

有些地方由于历史的原因，地方品种越来越少，留下大量血统混杂、来源不清的杂种。如果不及时整顿，放任自流，会使生产力低落，继续利用困难。在建立繁育体系时，可以将它们纳入体系内，合理利用，提高它们的生产性能。为此应做以下两方面工作。

1. 分类、分群

组织人力对现有杂种群体调查，查清它们的血统来源、生产性能、体型与类型等，然后分类、分群，在此基础上制订品系繁育计划，择优选育，建立品系，为将来开展杂交利用准备大量理想的杂交亲本。

2. 引进新品种用于杂交

在摸清血统来源的基础上，有计划地引进本地区过去没有引进的优良品种。经过配合力测定，确定杂交组合，或轮回杂交方案。可以利用现有的大量杂种母本再杂交，仍能利用杂种优势，取得较好的杂交效果。

对现有杂种，既要有当前的措施，又要有长远打算，才能使它们得到充分利用，并在今后的杂种优势利用中发挥有益作用。

第二节　育种组织

　　动物育种工作是动物生产中一项极为重要而长期的基础工作，它涉及的范围广、环节多，是一项系统工程。为了保证全面有效地开展育种工作，除了掌握和应用育种科学理论和生产技术外，还必须有一套相应的管理措施与育种组织，这不仅涉及整体宏观指导、调控，也对各地区、场的育种工作有重要作用。从一定意义上讲，这些管理及组织措施是开展育种工作的必备条件与保证。

一、育种工作的宏观调整

　　动物育种工作在许多方面必须置于国家的统一领导、宏观调控下进行。政府有关部门在决策前，要充分听取由专家组成的各育种委员会的意见，并充分发挥各地区、各部门的领导作用。为了充分行使领导职责，就必须有组织措施，这包括以下几方面。

（一）确定动物育种方向

　　动物育种工作是动物生产中提高种畜品质、根本改变生产面貌的基本建设。因此，就一个国家或地区而言，都应有一个长远的规划，整体的布局，以指导全盘，使之长期高效地工作。其中最为重要的是育种方向。

（二）确定育种方向应遵循以下基本原则

　　1.适应国民经济发展的需要

　　随着国民经济的发展，人民生活水平的提高，人们对畜禽产品的需求种类越来越多，既要面对国内市场，也要考虑国际贸易带来的挑战和机遇，所以，育种方向的确定，应因地制宜，不能强求一致，还要全面照顾，重点突出，对将来的市场有预见性。

　　2.考虑生态效益

　　任何家畜家禽都是在特定的生态条件下培育和发展的，它们不能离开环境条件而独立存在，而且在其发展过程中，会发挥一定的生态效益。一个优秀的动物品种，首先必须适应性强，否则，表现不出品种的生产优势，甚至都不能生存。

3.保存并利用地方品种的优良特性

我国动物遗传资源丰富，有十分宝贵的基因库。尤其是那些具有独特的、极为珍奇特性的优良品种，是令国内、国外注目并渴求的。现在人们已越来越注意到对本国珍贵动物品种的保护，以防止品种消失、资源枯竭的危机出现。

二、家畜、家禽品种区域规划与良种基地的建立

（一）区域规划

区域规划是家畜、家禽品种的发展布局及育种的指导性计划，不仅要考虑不同区域的自然环境条件，还要考虑一定地区所具有的社会经济条件、饲养特点和经营制度。在区域规划中，应考虑优先和重点发展哪种家畜、家禽，并根据国家发展畜牧业的计划，选择和培育最适于该地区的品种，以充分利用本地资源和发挥品种的优点，进一步提出利用和改良的目标、指标和具体实施方案。

一般来说，同一饲养类型的地区至少应有两个品种，以便在生产中利用其杂种优势。

在引入外来品种时，不仅要考虑其性能，也要考虑它对当地条件的适应性以及与当地品种之间的配合力。应先通过比较试验和杂交组合试验，选出最合适的外来品种，之后再大量推广使用。一旦确定后，就不应再在该地区引进过多的品种。

（二）良种基地的建立

关于良种基地建立问题，由于生产方向不同，可分为种畜和商品生产基地两类。前者主要生产种畜，借以扩大再生产，后者以生产商品畜禽为主。二者任务虽不同，却紧密相关，只有相互促进才能不断发展。

要发展种畜业必须有良种基地，它是提供优秀种畜的基本地区，在家畜质量比较好的地区建立良种基地，它的任务是大量生产种畜，以基地为核心，向外地提供种畜。

适宜于作为良种繁殖基地的地区一般应具备如下条件：①有传统的繁育习惯，群众有较丰富的饲养管理和选育经验；②适龄母畜比例较高，且有足够质量较好的种公畜；③有稳定的饲料保证；④邻近商品生产基地。

动物生产商品基地是肉、蛋、奶、皮、毛等畜产品的重要产地，是动物生产

发展水平的标志之一。它的建立应以生产和市场优势为依据，来确定其区域及布局，在合理规划的基础上，逐步把基地建设成为专门化生产、社会化服务、集约化经营、有先进技术水平和相当规模效益的水平生产体系。

三、加强对育种工作的组织领导

育种工作涉及面广，是一项长期性工作，除了技术性工作外，需要强有力的组织管理部门和措施才能使工作顺利进行。

（一）按畜种建立各级育种委员会

其任务为：拟定和审查育种计划；研究技术上有关的重大问题与改进意见；总结和交流经验，指导和检查工作；种畜鉴定和新品种鉴定验收工作。

（二）育种协作组织

以特定的畜种、品种为对象而组成的育种协作组织，如猪育种协作组、奶牛育种协作组等，它在有关部门的领导下，由有关科研、教学、技术、行政和生产部门组成，充分发挥各自作用，共同联合育种，以推动育种工作。其工作范围及职能大体上有三点。

（1）统一育种方向和目标以利于建立统一的技术操作规程、选种方案、鉴定标准等有关的技术措施，从而保证育种工作顺利进行。

（2）鉴定种畜在明确目标的基础上，拟定出统一的鉴定标准。开展工作时，可举办培训班，传授鉴定技术，组成鉴定小组，进行普查和联合鉴定等。

（3）良种登记。将符合良种标准的种畜的系谱、生产性能、体质外形等有关材料登记入册的工作就是良种登记。它是进一步推行选种选配，加强管理，以提高品种质量的一项重要措施，是掌握良种数量、质量和分布，以及作为合理管理和使用种畜的依据，另外，可协助了解品种发展演变情况，供今后工作参考。

良种登记是逐级建立的，分国家级、省级、地区级以及最基层的种畜场等，建立种苗卡片，其形式有两种：一是开放性登记，即只要生产性能、外形特征符合种畜标准，而其来源大体清楚，有一个亲本是纯种就可以登记；另一种是限制性良种登记，或称为闭锁式良种登记，其要求是只准那些双亲都已登记过的种畜登记，也就是只有系谱清楚的个体才有资格登记。

此外，协作组织还应广泛开展科研协作，推广先进技术及人员培训等活动。

（三）建立育种辅导站、研究会等

为了与良种基地相适应，育种辅导站多建在其中或附近，在技术上可指导育种工作，制定选育方案、鉴定、选种、技术培训、推广种畜、组织联合宣传及检查工作。

加强育种工作的组织领导，应集中体现在统管全局的方针、政策、法规、制度的确定与实施上。如颁布国家标准的地方良种、引种及布局，新品种鉴定验收以及种畜进出口管理措施等。

四、建立繁育体系

动物生产作为国民经济发展中的一个支柱产业，应建立和健全与之相适应的几个大体系，其中良种繁育体系是首位的。它是现代育种思想的体现及保证，也是现代育种科学的结晶。

一个完整配套的良种繁育体系，应在各级政府主管部门、各种技术及行政部门以及担负不同任务的生产部门合作下组成。

根据育种工作的任务和性质，繁育体系应包括育种场、种畜繁殖场和商品场。

（一）育种场

育种场的主要任务是改良现有品种和培育新品种和品系，并供应优良种畜。它是育种工作的核心。场内全部种畜都应定期进行全面鉴定，有计划选育，特别是要根据群内特点，培育出新的更高产的品系，以利于开展品系间杂交，提高杂种优势，有计划地以育种场为核心建立配套品系。

育种场要求较高的技术水平和管理水平，并有一套完整的技术措施和组织措施，才能保证育种场各项育种任务的完成，使育种场真正起到整个体系的核心作用。

（二）种畜繁殖场

种畜繁殖场的主要任务是大量繁殖种畜，特别是母畜，以满足商品场对种畜的需求。有条件时，繁殖场可分为两级，一级繁殖场进行纯繁，提供纯种；二级繁殖场多采用品系间杂交，向商品场提供系间杂种。例如三元杂交繁育体系的二级繁殖场的母畜与另一品种或品系的公畜杂交，产生一代杂种母畜，作为三元杂交的母本，即父母代。

（三）商品场

商品场的任务是以最经济的方式生产出各种产品。因此，商品场一般都采用杂交来充分利用杂种优势。商品场不需要同时保持几个品种，可以从繁殖场获得母畜，并从育种场获得公畜或利用配种站的另一公畜品种交配，以产生杂种。一般商品场有两种形式：一种是自己根本不养种畜，只养商品代，如肥猪、肉用仔鸡等；另一种是自繁自养商品家畜、家禽。

育种场、种畜繁殖场和商品场是相互联系的，因而形成一个完整的繁育体系。虽然各级场的任务不同，但目标是一致的，都是为商品生产服务。实际上，商品场的产品表现出的生产性能水平是鉴定育种场和繁殖场种畜品质的最好依据，也是评定选育效果的标准。

五、拟定育种计划

选育和改良现有动物品种和不断培育新品种是我国动物育种工作极其重要的任务。因此，应根据国家规定的整体规划，在不同地区对不同畜种制定育种计划和详细的实施方案。

（一）综合调查

以调查品种的特征、特性以及杂交效果为中心，同时要尽可能地全面调查了解当地的自然环境条件、社会经济条件以及发展畜牧业所具备的其他有关条件。

调查前要做好各种准备工作，如拟定调查提纲，统一工作方法，印发有关表格，准备必要设备或工具，以及决定调查的时间、地点、范围和规模。在调查过程中，要把全面了解和重点抽查相结合。调查的方法应多种多样，如实地考察、个别访问、查阅档案、现场测量等。

（二）拟定计划的步骤及内容

1.育种目的和措施

首先要明确育种的方向和任务，根据国民经济发展的需要和当地实际条件，要选育一个什么样的品种，生产方向如何，生产性能应达到什么指标，具有什么特征，适合在什么条件下饲养和生产等都应该十分明确，并具体体现在计划和方案之中。与此同时，在进行充分调查研究的基础上，考虑到主客观条件及基础，予以统筹安排。

2.育种的材料和方法

要深刻了解原始材料的遗传背景及特征、特性，明确要采取何种选种和选配方式，要建立多少个品系和家系，选育要进行多少个世代，育种群的规模要多大等都要事先加以考虑和安排，并体现在具体措施中。

3.育种的地区、场站和条件

要划定育种的地区范围和参加具体工作的场站，并各自明确其职责和相互间的分工协作关系。对整个育种过程需要多少人力、物力和财力以及具体设备，都应事先做出规划和预算，并办好有关手续。

4.育种的组织者、参与者和协作单位

育种具体主持部门对实施育种计划具有关键的作用，应充分发挥其积极性和创造性，应和参加者、协作者一起努力做好各项工作，使整个育种工作有目的、有组织、有步骤地实施，并定期检查计划的实施情况，以及时发现和解决问题。

必须强调，育种计划和方案，一经决定并批准后，就必须严格执行，不得擅自更改，以保证育种工作的顺利进行。

第三节　畜牧场育种管理的技术措施

畜牧场是动物生产的基层单位，也是完成育种计划的具体保证。为此，各种类型的育种场应该采取如下技术措施。

一、整群和组群

整群就是整理畜群，它是根据现有畜群的内部结构、性别、血统、年龄等组织合理结构和比例以保证畜群数量和质量的不断提高，掌握生产的主动权。组织合理的饲养管理和进一步搞好选育和繁殖，以提高劳动生产率，合理安排饲料供应和饲料生产，保证产品均衡生产供应。

组群是根据畜群内部结构，在整群基础上按品种、品系、血统、生产目的和要求，把大群分化成小群；也可按畜群质量和品种价值进行分级组群。

为了做好上述工作，应从如下几方面进行。

（一）了解和分析现有畜群情况

它是整群和组群的首要条件，要了解和分析畜群组成的历史、血统来源、内部结构、数量和质量、适应性、饲养和饲料供应以及疫病防治等。

（二）群体结构分析和调整

根据生产目的不同，群体结构组成也不同。如果是育种场，可以一品种为主，尽量少养其他品种；而繁殖场是供配套系，向商品场提供配套系或系间杂种；而商品场一般以饲养杂种为主，充分利用杂种优势，场内不要同时保持几个品种。

除考虑群体的品种或品系结构外，要注意性别和年龄的组成。繁殖场中适龄母畜应占绝对优势，育种场的公畜比例较高，尤其是后备公畜，以提高选择效果，迅速提高群体质量。商品场中杂交用母畜以满足自繁自养为度。公畜应尽量少，在质量上要求高，或者根本不养，全部用配种站公畜。

在年龄组成上应尽量做到合理，家畜、家禽的性能都有年龄变化，如群体中幼龄和老龄比重过大，全群平均生产力就低、成本高。然而，群体中幼龄比重大时，群体世代间隔短，单位时间内的遗传进展较快。老龄比重大时，生产力不高，但幼畜培育成本低。群体中成年个体比例大时，对当前生产有利，但对畜群周转和选育提高都不利。所以，在年龄组成上要合理，既照顾当前，又要考虑到未来，年龄结构合理，育种场为了加速改良，后备幼畜和成年家畜的比例应比一般高一些。

二、完善档案制度

档案是群体和个体的历史和现实表现的记录材料，是育种工作不可缺少的科学依据，在一定意义上讲，没有档案就没有育种。因此，要对育种群及每头种畜进行经常性的尽可能全面的记录工作。

（一）编号和命名

为保证记录的准确性，必须对种畜进行编号或命名，其目的在于识别每一个个体，进而了解整个群体。它是育种最基础的工作，否则是无法开展系谱编制、审查以及选种选配等工作的。

目前对于畜禽个体的标记方法众多，且因畜种而异，但从整体上都应力争做到及时准确，简明易辨而又持久，如猪多用剪耳法，牛、羊多用金属标记，马多用烙印等。现在还可以用电子标记。

对个体特别优秀，或群体头数有限，个体可予以命名，但应掌握尺度，不宜太多，命名应易记、易区分。

（二）记录

记录包括经营管理性的一系列记录和专门为育种工作提供材料的育种记录两类。它们都是必不可少而又相互关联的。

1. 育种记录

育种用表格是多种多样的，一般要求应有以下几种：配种、分娩、生长发育、生产性能、饲料消耗等项记录及种畜卡片。在众多记录中，应以种畜卡片为中心，因其材料完整，能较全面地说明种畜情况。它的建立过程较长，一般是母畜从初次分娩开始，公畜从后备转为正式种畜时开始，它是一种终端记录，其内容由许多原始资料转入。一份好的种畜卡片，可反映育种工作的进展情况与育种工作的技术及管理水平。

2. 无纸记录系统

随着计算机信息科学技术的发展，一种新的记录系统——无纸记录系统问世。无纸记录系统首先应用于需要大量采集数据的领域，如图书馆用该系统借还书刊，超级市场用于商品管理和销售结算等。20 世纪 70 年代，这种系统开始应用于蛋鸡产蛋的记录。如加拿大农业研究中心鸡场和圭尔夫大学实验鸡场先后使用。中国农业大学已研制成功母鸡产蛋记录数据采集系统。数据采集终端用微型电脑，外接 PEN 型光笔式扫描器，可以记录产蛋量，还可记录破蛋、不合格蛋等情况，供选种时考虑。

无纸记录系统由便携式计算机、条形码、笔形扫描器、解释和数据处理等部分组成。这些设备便于在现场使用，定期将便携式计算机中存储的信息转录和存储到技术室的计算机中，可以利用各种程序对资料进行分析。

无纸记录系统的优点：

（1）使记录的准确性提高。由于将手工记录的连续步骤合二而一，把已采集的数据直接输入计算机，避免了手工操作记录和在键盘上可能发生的错误。

（2）无纸记录可以节约大量纸张及表格印刷费用。

（3）操作简便且速度快，容易掌握。

（4）存储便捷，在计算机中的资料便于查找。根据育种要求，随时调用统计数字、参数和遗传评估等。

三、鉴定与分群

鉴定与分群是育种场或开展育种工作的地区应定期组织的技术工作。

鉴定分级，就是总结性地查清畜群质量及其发展变化的情况。根据鉴定的结果，予以分级、分群，调整群体结构。

畜群鉴定每一年应组织一次，在统一领导及统一标准下按规定进行。

不同类型的畜牧场，由于其任务及生产目的不同，因而分群方法也有所不同。

（一）育种场

育种场一般按品种、性别和年龄分群，而育种场的种畜还应进一步按其育种价值分为三类。

1. 核心群

只有最优秀的种畜才能进入核心群，它们要具有尽可能多或突出的优点及种用价值，这样，育种工作将更有保证。核心群所生产的后备幼畜，在质量上是极为可靠的，是育种工作的核心，更是更新群体的主要来源。

2. 基本群

凡鉴定合格的种畜绝大多数属于此群。从质量上要求，它们至少要超过分级鉴定的最低标准。因年龄或其他原因，从核心群淘汰出来，但还需要跟踪观察的个体可以养在这个群中，其中发现有优秀的还可以转到核心群。

3. 淘汰群

凡是不符合育种目标要求，育种价值低的个体，应尽快淘汰出场或转至其他类型的畜牧场。

（二）繁殖场

繁殖场分群方法大体上和上述分群方法类似，区别在于标准及规格均相应要低，但种畜在性能上和外形等方面要尽可能一致，以使其产品均匀整齐。

（三）商品场

商品场是以商品生产为目的。按用途划分,商品场分为种畜群和生产群两类。生产群是直接生产动物产品的畜群，而种畜群则为生产群提供仔畜来源。

四、制订各种具体计划及制度

在畜牧场内部，根据总的育种方案或有关部门下达的具体生产指标，在某一个工作年度的开始都应该详细地制订各种具体计划，在其制订过程中力求实效，以确保整个年度的生产及育种工作能顺利进行。计划既要保持一定的稳定性，又要有一定的灵活性，既要力求精确完整，又要做到简单易行。

由于各畜牧场的规模、任务、条件的不同，计划和制度的种类可以因地制宜，但大体上都应具备下列几种：选种、选配计划、群体更新和周转计划、饲料供应计划、饲养管理制度和经营管理制度。

第四节 规模化生产条件下动物育种的特点

一、生产模式的改变

从 20 世纪 50 年代开始，随着工业及科技的快速发展，发达国家的动物生产开始由传统的方式转向现代化、规模化的生产方式，主要表现在养猪业、养禽业、奶牛业方面。我国从 20 世纪 80 年代初起步，现已在养猪业、养禽业等方面加速发展。

现代动物生产的特征，可概括为：使用现代劳动手段和现代科学技术来装备；用现代经济管理的方法科学地组织和管理；实现生产单位内部的专业化、集约化和各个环节的社会服务配套化；建立合理的生产结构和生产系统；追求的是较高的生产率、产品率和商品率；表现为较大的规模、经济及生态效益。

由于动物生产转移到工业基础上的集约化、规模化生产，在体系内部的各个环节，诸如动物繁殖、培育、生产过程的密集，人工环境及流水作业，机械化、自动化的操作及精密的劳动组织，充分重视并应用系统论、控制论及信息论的严格管理。这一切必然导致作为现代化、规模化动物生产的支柱之育种工作及方法的发展、变化。这种发展、变化的主要特点就表现为规模化生产的大规模育种。

适应规模化生产的育种能保证在家畜、家禽群体中，采用将生物技术措施与组织措施相互结合的育种工作方法。

它的理论基础是能够在某些个别品系、地区类型，甚至整个品种中定向改变动物群遗传结构的群体遗传学方法，以及能够鉴定群体遗传结构，估测经济性状的潜在水平和变化趋势，从而优化育种计划的数量遗传学和分子遗传学等学科。

规模化生产育种的条件是坚实的饲料基础，科学的饲养管理，包括先进繁殖技术和遗传工程在内的现代生物技术在育种中的应用、电子计算机在育种中的应用、先进的防疫技术、科学而精细的组织工作等。

二、规模化生产下育种方法的变化

根据国内外动物育种的实践，育种所采用的主要方法有如下几点变化。

（一）育种对象的变化

工作对象由传统的个体变为群体，主要应该提高的性状相对单一化、一致化以提高群体的整齐度，群体的整齐度已成为育种的重要指标。改以往的品种育种为品系育种，培育适于规模化生产的配套新品系（包括专门化品系、近交系、合成品系）和新类型。由于育种群体单位的缩小，抓住了少数重要性状，从而加速了育种进程，提高了遗传改进速度，增进了育种效果。

（二）由品种间杂交改为品系间杂交

生产杂交畜禽，充分利用杂种优势，这在养猪业、养禽业特别是养鸡业中尤为突出。各类型的生产场间，任务目标更具体，分工更明确，并力求生产工艺与育种工艺的统一协调。

（三）品种，特别是品系形成的动态性提高

为了适应不断发展的规模化动物生产的需要，就必须不断培育新品种，特别是新品系，于是在品系形成较快的同时，其自身存在的时间也大大缩短，育成时间由从前的几上年、几百年缩短为几年、十几年，旧的品系不断为新的所代替，并且在生产力水平上不断提高。

第七章　发情鉴定

第一节　发情鉴定的方法

　　发情鉴定是动物繁殖活动中一项非常重要而易被忽视的技术环节。在人工授精、胚胎移植等动物繁殖技术中占有重要地位。根据各种动物的繁殖特性，掌握各种动物的发情表现，判断动物是否发情，发情是否正常及其发情的阶段和状态，对适时输精、提高动物受胎率有重要作用。

　　发情鉴定的方法有多种，如外部观察法、试情法、阴道检查法、直肠检查法等，在应用时要按各种动物发情的特点，进行合理取舍，并在发情鉴定之前，了解被鉴定动物的繁殖历史和发情过程，以提高发情鉴定的准确性。

一、外部观察法

　　外部观察法是各种动物发情鉴定最常用的一种方法，此法主要是根据动物的外部表现和精神状态来判断其是否发情和发情的状况。各种动物发情时，通常共性的表现特征是如下。

　　食欲减退甚至拒食，兴奋不安，爱活动，外阴肿胀、潮红、湿润，有的流出黏液，频频排尿。不同种类动物也有各自特征，如母牛发情时哞叫，爬跨其他母牛；母猪拱门跳圈；母马扬头嘶鸣，阴唇外翻闪露阴蒂；母驴伸颈低头，"吧嗒嘴"等。动物的发情特征是随发情过程的进展，由弱变强又逐渐减弱至完全消失。为此，在进行发情鉴定时，最好从开始就对被鉴定动物进行定期观察，从而了解其发情变化的全过程，以便获得较好的鉴定效果。

二、试情法

这种方法是利用体质健壮、性欲旺盛、无恶癖的非种用雄性动物对雌性动物进行试情，根据雌性动物对雄性动物的反应来判断其发情与否及发情的程度。

当雌性动物发情时，愿接近雄性动物且呈交配姿势；不发情的或发情结束的雌性动物，则远离试情的雄性动物，强行接近时，有反抗行为。试情公畜在试情前要进行处理，最好做输精管结扎或阴茎扭转手术，而羊在腹部结扎试情布即可使用。小动物以公、母兽放在笼内进行观察。此法的优点是简便，表现明显，容易掌握，适用于各种动物，故在生产中应用较为广泛。

三、阴道检查法

此方法是将灭菌的阴道开张器或扩张筒插入被检母畜的阴道内，观察其阴道黏膜的颜色、充血程度、润滑度和子宫颈的颜色、肿胀度、开口的大小及黏液数量、颜色、黏稠度，依次判断母畜的发情程度。此方法在操作时，动作要轻稳谨慎，避免损伤阴道黏膜和撕裂阴唇。本法适用于牛、马、驴及羊等大动物，但因不能准确判断母畜的排卵时间，也易对生殖系统造成感染，故在生产中已不多采用，只作为辅助的检查手段。

四、直肠检查法

直肠检查法是将已涂润滑剂的手臂伸进保定好的动物直肠内，隔着直肠壁检查卵泡发育情况，以确定配种时期的方法。本方法只适用于大动物，在生产实践中，对牛、马、驴及马鹿的发情鉴定效果较为理想。检查时要有步骤地进行，用指肚触诊卵泡的发育情况时，切勿用手挤压，以免将发育中的卵泡挤破。

此法的优点：可以准确判断卵泡的发育程度，确定适宜的输精时间，有利于减少输精次数，提高受胎率；也可在必要时进行妊娠检查，以免对妊娠动物进行误配，引发流产。

此法的缺点是：操作者的技术要熟练，经验愈丰富，鉴定的准确性愈高；冬季检查时操作者必须脱掉衣服，才能将手臂伸进动物直肠，易引起术者感冒和风湿性关节炎等职业病；如劳动保护不妥（不戴长臂手套），易感染布氏杆菌病等人畜共患病。

五、激素测定法

因为各种雌性动物在孕前和孕后的黄体酮或雌激素水平差别很大，所以用特异的放射免疫技术或黄体酮免疫测定技术来检测黄体酮的水平可以做发情鉴定。

奶牛发情期外周血浆黄体酮水平降到最低，不高于 1.0 ng/mL，至授精后3 d、4 d 开始逐渐升高，于发情周期 11~17 d 黄体酮水平达到高峰，平均为5~10 ng/mL。在发情前 1~5 d 由于黄体退化萎缩，使黄体酮水平迅速下降。丁红等曾用 RIA 法对新疆褐牛正常发情周期全乳黄体酮含量进行过测定，结果表明：新疆褐牛在发情当天（0 d）的全乳黄体酮含量为 0.14 ng/mL，发情后 1~4 d全乳黄体酮含量较低，此后逐渐上升，在发情周期第 6 天含量为 5.85 ng/mL，黄体期（9~18 d）的平均值为 15.2 ng/mL，高峰值为 20 ng/mL。

母猪卵泡期黄体酮水平为 0.5 ng/mL，排卵后 3~4 d 开始升高，7~8 d 迅速升高，发情周期的 14~15 d 达到高峰，为 35 ng/mL，15 d 后急剧下降。张大鹏等曾对东北民猪发情周期外周血浆黄体酮含量进行过测定，结果表明：东北民猪在发情前2~4 d 外周血浆黄体酮含量最低，平均值在 3 ng/mL 以下，从发情周期第 2 天开始逐渐上升，在发情周期第 10 天达到峰值，平均为 31.69 ng/mL，从发情周期的第 12 天开始急剧下降。

绵羊发情周期外周血浆黄体酮水平在发情前 4 d 低于 0.4 ng/mL，发情期为 0.1 ng/mL，发情后 4~9 d 升高，平均 1.5~2.5 ng/mL。据曾国庆等的报道，宁夏滩羊黄体酮含量在发情开始至第 2 天最低，为 0.52 ng/mL，黄体期最高，为 2.84 ng/mL；测定山羊黄体酮水平，在发情期 0~1 d 黄体酮水平最低，为 0.2 ng/mL，周期第 10 天升高到峰值，为 4.0 ng/mL，发情后 3 d 逐渐降低。

母马血中黄体酮含量于排卵前 2 d 至排卵后 1 d 最低，为 0.09 ng/mL，排卵后 13 d 平均为 5.4 ng/mL，第 13 天到下次发情前降低。当黄体酮超过 1.0 ng/mL时发情停止。

目前，国外已有十余种发情鉴定用的酶联免疫测定试剂盒供应市场，操作时只需按说明书介绍的方法加样品及其他试剂即可。目前，此方法所用的仪器设备和药品试剂还比较贵，在生产中还尚难以普及应用。随着技术的发展，此法可能成为未来动物发情鉴定的主要方法之一。

六、电测法

此方法是应用电阻表测定动物阴道黏液的电阻值，以确定适宜配种时间的一种发情鉴定方法。该法的原理是：母牛发情时生殖道黏液的电阻值降低，当降至最低时，输精最适宜；母马卵泡发育时，子宫颈黏液中钠离子浓度渐增，排卵后，钠离子浓度又呈下降趋势，据此，应用离子选择性电极可进行母马的发情鉴定。此法对于确定适宜配种时间有一定参考价值，在生产中还不常用。

除上述方法外，还有宫颈黏液结晶法、体温测定法、阴道黏膜 pH 值测定法、粉笔标记及发情鉴定器测定法等，但由于应用不够普遍，故不做详细阐述。

第二节 各种动物的发情鉴定

一、牛的发情鉴定

（一）母牛的发情特点

牛为常年发情自发性排卵动物，在良好饲养管理条件下一年四季均可发情，但黄牛和水牛的发情往往有淡旺季之别。黄牛多在 5~9 月发情，而水牛发情多在 8~11 月。与其他家畜相比，牛的发情表现比较明显，黄牛又比水牛明显。通常，牛在发情时要爬跨其他母牛或接受其他母牛的爬跨，在发情后期有血迹从阴门排出。牛的发情周期平均为 21 d，青年母牛比成年母牛短。我国南方水牛不正常发情的比较多，表现为周期太长，长周期中经常夹有一个或几个安静发情，因而易使配种期延迟，受胎率下降。牛的发情持续期短，平均为 18 h，青年母牛的发情持续期一般比成年母牛短。母牛发情持续期的长短还因季节和营养状况而异，一般是夏季较短，温暖季节较寒冷季短；营养好的较营养差的短。母牛的排卵发生在发情停止后数小时内，而其他家畜的排卵是发生在发情停止前或刚刚停止时。牛产后发情的时间长短不一。奶牛产后第一次发情的时间一般在产犊后 18~55 d；水牛一般在产后 35 d 左右；耕牛一般在产后 60~100 d。

（二）母牛发情鉴定的方法

依据母牛发情的特点，母牛的发情鉴定通常采用外部观察法和直肠检查法。

1. 外部观察法

将母牛放入运动场或在畜舍内察看，早晚各一次。主要观察母牛的爬跨情况，并结合外阴部的肿胀程度及黏液的状态进行判定。一般母牛发情变化过程中的表现如下。

发情初期：食欲减退，兴奋不安，四处走动，个别牛会停止反刍，常和其他牛以额对额相对立。如与牛群隔离，常发出大声哞叫，放牧或在大群饲养的运动场，可见追逐并爬跨它牛的现象，但一爬即跑，不接受它牛爬跨。外阴部稍肿胀，阴道黏膜潮红肿胀，子宫颈口微开，有大量透明黏液流出，数小时后进入发情盛期。

发情盛期：食欲明显减退甚至拒食，更为兴奋不安，大声哞叫，四处走动，常举起尾根，后肢开张，作排尿状，此时接受试情公牛或其他母牛的爬跨而站立不动。外阴肿胀明显，阴道黏膜更潮红肿胀，子宫颈开口较大，流出的黏液呈牵缕性（冰串状）。

发情末期：母牛转入平静，尾根紧贴阴门，不再接受它牛爬跨，外阴、阴道和子宫颈的潮红减退，黏液由透明变为乳白色，牵拉如丝。此后，逐渐恢复正常，进入休情期。

2. 直肠检查法

母牛的发情周期短，卵泡发育成熟快，为做到适时输精，多采用直肠检查来鉴定排卵时间，以节约精液，提高受胎率。直肠检查对那些发情异常，发情表现不易观察，卵泡发育与排卵过快或过慢以及孕后发情的母牛更具有极其重要的意义。

（1）母牛卵泡发育各期特点按卵泡发育的大小和性状，牛的卵泡发育可分为四期，各期特点分别如下。

第一期：卵泡出现期—卵巢稍增大，卵泡直径为 0.5~0.75 cm，触诊时感觉卵巢上有一隆起的软化点，但波动不明显，又称弹硬期。此期约为 10 h，大多数母牛已开始表现发情。

第二期：卵泡发育期—卵泡直径增大到 1.0~1.5 cm，呈小球状，波动明显，突出于卵巢表面，也称弹波期。此期持续时间为 10~12 h，后半段，母牛的发情表现已不明显，甚至消失。

第三期：卵泡成熟期——卵泡不再增大，但泡壁变薄，紧张性增强，触诊时有一触即破之感，似熟葡萄，亦称软皮期。此期为 6~8 h。

第四期：卵泡排出期——卵泡破裂，卵泡液流失，卵巢上留下一个小的凹陷。排卵多发生在性欲消失后 10~15 h。夜间排卵较白天多，右边卵巢排卵较左边卵巢多。排卵后 6~8 h 可摸到质地柔软的新生黄体，其直径为 0.7~0.8 cm（完全成熟的黄体为 2.0~2.5 cm）。排卵都发生在性欲消失之后。

应该注意的是：卵泡大小对判断排卵的作用不大，卵泡壁厚薄和软硬是判断发情各期的良好标志。一般卵泡壁薄，失去弹性而变为松软时，就是即将排卵的征候。母牛一般在发情结束后 6~8 h 开始排卵，也就是在卵泡成熟期过后即开始排卵。排卵的时间平均在 14 h，在母牛开始发情后 24 h 或排卵前 3~6 h 为输精适期。所以，要打破"早晨开始发情下午配种"或"下午开始发情第二天早晨配种"的传统习惯。

（2）母牛直肠检查的操作方法。

先将被检母牛保定妥善。操作者事先要把指甲剪短磨光，检查时，站于母牛正后方，戴上长臂塑料膜手套或乳胶薄手套（不戴手套感觉更好），手套外表可蘸取少量水以利润滑或在其外表涂以润滑剂（如软肥皂、淀粉糊等），手指并拢呈锥状，小心伸入肛门，如有宿粪阻挡，先用手掌心缓慢托出体外，再行直肠检查。先将手伸入骨盆腔上方位置，展平手掌，掌心向下，手指轻轻左右抚摸，可摸到坚硬的子宫颈。再沿宫颈向前移动，便可摸到较软的子宫体、子宫角及角间沟。在向前伸至角间沟分叉处时，手移至一侧子宫角，沿子宫角大弯至子宫角尖端外侧，即可触摸到卵巢。此时以手指肚轻稳细致地触摸卵巢的大小、形状、弹性和泡壁厚薄等发育状况。一侧卵巢摸完后，将手移到另一侧卵巢以同样的手法触摸其各种性状。

二、马（驴）的发情鉴定

（一）母马（驴）的发情特点

母马（驴）为季节性多次发情自发性排卵动物，也称长日照发情动物，在早春后一直到夏季有多次发情周期循环，发情周期平均为 21 d，其发情持续期长，马平均为5~7 d，驴平均为4~8 d，卵泡发育大，规律性明显，卵泡发育到成熟排卵的时间较长。但母马（驴）的发情期因个体、年龄、饲养水平及使役情况不同而有差异。通常，老龄、饲养水平低以及在发情季节早期的母马（驴），其发情期较长。母马（驴）在发情时无爬跨其他母马（驴）的现象，但会寻找其他的母马（驴）和骑马（驴）做伴，发情母马（驴）反复地采取站着排尿的姿势，举尾、排出少量的尿，并连续有节奏地闪露阴蒂。马属动物具有排卵窝，成熟卵泡只能在此排出，通常，左侧卵巢的排卵较右侧的多。怀孕母马卵巢上不仅有主黄体，还有副黄体，这是母马的另一特点。与母马不同的是，母驴在发情时，上下颚频频开合发出吧嗒吧嗒的声音，生殖道分泌物也不如母马多，很少有母马的"吊线"现象。

（二）母马（驴）发情鉴定的方法

依据母马（驴）发情的特点，在生产中母马（驴）的发情鉴定，以直肠检查为主，结合试情、外部观察和阴道检查来进行。

1. 直肠检查法

母马（驴）的发情期长，如只靠外部观察和阴道检查判断其排卵期，比较困难，但其卵泡发育较大，规律性强，因此一般以直肠检查为主，其他方法为辅。

（1）母马（驴）卵泡发育各期特点母马卵泡发育一般分为六个时期，各期的特点如下。

第一期：卵泡出现期——在发情季节，母马一侧卵巢内有一个或数个卵泡开始发育，但其中有一个卵泡（很少有两个）获得发育的优势而达到成熟排卵。卵泡多发生在卵巢的两端或背部，初期硬小，触之表面光滑，呈硬球状突出于卵巢表面。此期一般持续1~3 d。

第二期：卵泡发育期一这一阶段，获得发育优势的卵泡体积增大，突出于卵巢表面呈半球形，卵泡内充满卵泡液，但波动不明显，排卵窝较深。条件良好时，卵泡生长迅速，直径可达3~4 cm，有的仅2 cm；环境不良时，卵泡发育较慢，直径约为5 cm，个别达到6~7 cm。此期一般维持1~3 d，母马一般都已发情。

第三期：卵泡成熟期一这是卵泡发育的最后阶段，卵泡主要发生性状变化，体积变化不明显。性状变化一般有两种：一种是母马卵泡成熟时，泡壁变薄，泡内液体波动明显，弹力减弱，最后完全变软，流动性增强，用手指轻轻按压即可陷入泡腔，改变其形状，这是即将排卵的表现，驴的这一过程一般较马的长；另一种是母马卵泡成熟时，皮薄而紧，弹力很强，触摸时母马敏感（有疼痛反应），有一触即破之势，这也是即将排卵的表现。此期持续时间较短，一般为一昼夜，早春天寒时 2~3 d。

第四期：排卵期——卵泡已完全成熟，形状不规则，泡壁变薄变软，有显著的流动性，卵泡液逐渐流失，需 2~3 h 才能完全排空。

第五期：空腔期——泡液完全流失后，泡壁凹陷呈松弛的两层，触摸时可感到凹陷内有颗粒状突起，母马有疼痛反应，手指按压时，母马有回顾、不安、弓腰或两后肢交替离地等表现。此期持续 6~12 h。

第六期：黄体形成期——卵泡液排空后，卵泡壁微血管排出的血液重新充满卵泡腔形成血红体，使卵巢从"两层皮状"逐渐发育成扁圆形的肉状突起，形状和大小很像第二、第三期时的卵泡；但没有波动和弹性，触摸时一般没有明显的疼痛反应。

（2）母马（驴）直肠检查的操作方法。

先将待检母马牵入保定栏内，拴牢保定栏的前后栏绳，必要时再加栏背绳。然后将尾部系向一侧或吊起，并清洗外阴部。操作者事先要将指甲剪短磨光，戴上长臂乳胶或塑料薄膜手套，手套外表可蘸取少量水以利润滑或在其外表涂以润滑剂（如软肥皂、淀粉糊等）。操作者站于母马一侧后肢的外侧，手指并拢呈锥状，小心伸入肛门内，如有宿粪阻挡，先用手掌心缓慢托出体外，再行直肠检查。手入直肠后向前伸入，将拇指留在直肠膨大部，其余四指插入直肠狭窄部。此时手掌可展开带着松软的直肠壁，向外贴靠侧腹壁在髋结节的下方处（左卵巢位于第 4、5 腰椎左侧横突末端下方，右卵巢位于第 3、4 腰椎横突之下，靠近腹腔顶）进行上下左右轻缓活动，触摸寻找卵巢。当手指触到卵巢后，手应再向前伸将卵巢轻握于掌心内，此时母马多半表现回头张望或轻度不安。握住卵巢后，用拇指和其他四指的指肚，轻稳细致地触摸卵巢的大小、形状、质地及排卵窝深浅，有无卵泡发育，依据卵泡发育程度可判定排卵时间。检查完一侧卵巢后，再换手检查另一侧卵巢。在一般情况下，很少有两侧卵巢同时都有卵泡发育。

2. 试情法

此法检查卵泡发育程度不如直肠检查准确，但易于掌握，实用性强。试情法有两种：一种是分群试情，即把结扎输精管或施过阴茎转向术的公马放在马群中，以便发现发情的母马，此法适用于群牧马；另一种是牵引试情，一般是在固定的试情场进行。把母马牵到公马处，使它们隔着试情栏亲近，观察母马对公马的态度来判断母马的发情表现。发情的母马会主动接近公马，并有举尾、张开后肢、频频排尿、闪露阴蒂等表现，发情高潮时，很难将母马和公马拉开；未发情的母马对公马有躲避、踢咬等防御反应。

3.阴道检查法

健康母马在发情期间的阴道变化尤为明显，因此对试情公马反应不好的母马，常根据其阴道黏膜的变化来判断其发情情况。

在间情期，母马阴道黏膜苍白贫血，表面粗糙，阴道壁有部分常被黏稠的灰白色分泌物所粘住，此时如插入开张器或手背，就会感到很大的阻力，此时子宫颈质地较硬，呈钝锥状，常位于阴道下方，开口处有少量黏稠胶状分泌物所封闭；在接近发情时，阴道黏膜微充血，呈粉红色，表面光滑，阴道有少许胶状黏性很小的分泌物；发情前期及发情盛期，阴道黏膜充血显著，呈鲜红色，分泌物逐渐增多，接近卵泡成熟时，黏液量显著增加，黏度增强，呈乳白色，手捻之感到异常光滑，能拉成线，子宫颈位置向后方移动，其肌肉的敏感性增强，检查时易引起收缩，这种收缩可能有利于正常交配时精液射入子宫内；发情后期，引道黏膜充血程度逐渐降低，呈暗红色，黏液分泌逐渐减少变干，由乳白色转为灰白色，最后变为暗灰色，子宫颈也逐渐恢复常态。

三、羊的发情鉴定

（一）母羊的发情特点

羊也属季节性多次发情自发性排卵动物，但羊是短日照发情动物，在秋分后出现多个发情周期。绵羊的发情周期平均为 17 d，山羊平均为 21 d，但母羊的发情持续期短，一般为 18~36 h，外部表现不明显。发情母羊的主要表现是，喜欢接近公羊，并强烈摆动尾部，公羊爬跨时静立不动，但发情母羊很少爬跨其他母羊。发情母羊的分泌物较少或不见有黏液分泌，外阴部也没有明显的肿胀和充血现象。

（二）母羊发情鉴定的方法

发情母羊外部表现不明显，又无法进行直肠检查，因此，羊的发情鉴定采用试情为主，结合外部观察的方法。

一般是将结扎试情的公羊，按一定比例 [通常为 1 :（ 40~50)] 放入母羊群内，每日一次或早晚各一次进行试情。母羊发情时，往往被试情公羊尾随追逐，有时也主动靠近公羊。只有接受公羊爬跨并站立不动的母羊才能视为发情母羊，可抓出隔离并打上标记，以备配种。

四、猪的发情鉴定

猪属常年发情自发性排卵动物，发情周期平均为 21 d，发情持续期平均为 2~3 d。母猪发情时，外阴部和行为变化明显，因此母猪的发情鉴定是以观察为主，结合试情进行判断。

母猪发情时，食欲下降，兴奋不安，外阴部充血、肿胀非常明显，呈浅红色或紫红色，有时从阴门流出极少量的黏液，对外界声音敏感，往往拱圈门，不时爬墙张望甚至跳圈去找公猪。发情母猪出圈后，对公猪的爬跨反应敏感，为此可用公猪试情，根据其接受爬跨的程度来判断发情的早晚。如无公猪，可用手压按其背腰部，若压背时呈静立不动、尾稍翘起，凹腰弓背，即为"静立反射"，向前推动母猪，不仅不逃脱，反而有向后的作用力，主动接近人，此时母猪发情即为旺盛时期。有人根据生产实践经验，总结出了"一看、二听、三算、四按背、五综合"的母猪发情鉴定方法。即：一看外阴变化、行为表现、采食情况；二听母猪的哼鸣声；三算发情周期和持续期；四做按背试验；五进行综合分析。当阴户端几乎没有黏液，颜色接近正常，黏膜由红色变为粉红色，出现"静立反射"时，为输精适时。

五、其他动物的发情鉴定

小的动物的发情鉴定，基本以观察为主，以放对试情为准，视其雌性动物的行为表现、外阴部变化和放对试情的反应等内容，综合判定其发情程度。

（一）兔的发情鉴定

母兔常年发情，一年四季均可配种，属诱发性排卵动物。正常情况下发情周期为 8~15 d，持续期 2~3 d。但獭兔发情周期不是很有规律，变动范围大。母兔发情鉴定一般采用外部观察法并结合放对试情进行。

母兔发情时，主要表现为兴奋不安、爱跑跳，脚爪乱刨地，抓挠食具，踏足，常在饲具或其他用具上磨蹭下胯，食欲减退，频频排尿，有时还衔草做窝，俗称"闹圈"。发情旺盛的母兔，有时爬跨自己的仔兔或其他母兔。当有公兔在场时，表现主动靠近，抬高后躯呈愿意接受交配的姿势，并接受公兔的爬跨。如母兔外阴部黏膜苍白、干燥，说明还没有发情，如外阴部黏膜湿润、红肿呈粉红色、较松软，说明发情开始，如外阴部黏膜潮红、肿胀、湿润，则表明处于发情盛期，此时是配种适期，正如俗话所说："粉红早，紫红迟，大红配种正当时"。如果外阴部黏膜呈紫红、皱缩，说明是处于发情后期。母兔这种现象一般要持续三四天。在实际生产中，部分母兔，特别是引入品种兔发情不明显，应注意观察、检查以防错过发情期。

（二）水貂的发情鉴定

水貂每年繁殖一次，属刺激性排卵动物，排卵时间一般为交配后的36~37 h。在自然条件和在北半球，水貂在每年3月上、中旬发情配种，4月下旬至5月上旬分娩产仔。关于水貂发情周期在学术界有争议，但国内外大多专家认为，水貂在配种期有2~4个发情周期，每个发情周期7~9 d，持续期1~3 d，间情期5~6 d，平均为7 d。水貂配种后有黄体休眠期，孕后仍会发情，并有异期复孕的现象。

1.公貂的发情鉴定

公貂发情时，常徘徊于貂笼中，性情温驯，食欲下降，发出"咕咕"声，睾丸变化明显，手摸时柔软有弹性，阴囊下垂、松弛且被毛稀疏。未发情的公貂性情暴躁、攻击性强，睾丸缩小且坚硬无弹性。发情公貂在整个配种期始终处于兴奋状态，随时可以用于放对配种。

2.母貂的发情鉴定

母貂的发情鉴定方法很多，在生产实践中，以外生殖器观察法为主，以放对试情为准，辅以阴道涂片镜检法进行鉴定。

（1）外生殖器观察法。

未发情的母貂阴门紧闭，阴毛成束；发情母貂表现兴奋活跃，常在笼中来回走动，发出"咕咕"的叫声，坐蹲或舔其外阴部，尿液呈浅绿色，性情温驯，捕抓时较老实。根据阴门肿胀、阴毛分开、阴门颜色发生变化的程度可把母貂的发情期分为三期。

前期：阴毛略分开、阴唇微开、阴门开始肿胀充血、呈淡粉色；

中期（盛期）：阴毛倒向两侧，阴唇外翻、肿胀明显呈椭圆形，有的分成2~4瓣，外面湿润光滑、呈粉红色或乳白色，可见黏液从阴道流出，此时为交配的最佳时期；

后期：阴唇仍肿胀外翻，但有皱褶而且干燥，呈苍白或紫色。

（2）放对试情法。

将母貂放入公貂笼中，根据公、母貂交配情况判断母貂的发情状况。

前期：母貂和公貂嬉戏、有好感，但不接受公貂爬跨和拒绝交配；

中期（盛期）：母貂对公貂无敌对行为，当公貂爬跨时，母貂翘尾抬臀、接受交配；

后期：母貂对公貂怀有敌意，拒绝交配。

（3）阴道涂片镜检法。

用钝头胶头滴管按照母貂阴道生理弯曲伸入 2~3 cm，吸取少量阴道黏液涂于载玻片上，将载玻片放在 400 倍以上显微镜上镜检。

前期：视野中白细胞减少，出现较多的多角形角质化细胞。

中期（盛期）：视野中白细胞消失，有大量的多角形角质化细胞。

后期：视野中角质化细胞崩解，无核细胞和白细胞重新出现。

（三）狐的发情鉴定

1.公狐的发情鉴定

主要看其对发情母狐是否感兴趣，是否主动接近母狐。一般活泼好动，能主动接近母狐，并有调情嬉戏行为，均属发情；另外，睾丸下垂，大而有弹性，阴囊表面少毛或无毛，频频排尿，食欲减退等都是发情的表现。

2.母狐的发情鉴定

在实践生产中，母狐的发情鉴定一般采用外部观察为主，放对试情接受爬跨为准，两者相结合的方法进行。

（1）外部观察法。

母狐处于静止期时，外阴部被阴毛覆盖；当阴毛向两边分开，阴门开始显露、肿胀，行为上表现不安、活跃，但无阴道分泌物，此时处于发情初期，一般持续 2~3 d；当外阴肿胀呈圆形或椭圆形，阴唇肿的平整而光滑、无皱褶、略带褐色，触摸较硬，无弹性，不让公狐交配，但嬉戏行为活跃，此时处于发情中期，一般持续 1~2 d；当外阴部肿胀开始减退，在阴门裂上出现皱褶，手摸时柔软，有弹性，外阴流出有特殊气味的阴道分泌物，颜色由白变黄，性状由浆液性变为黏稠，有的母狐 1~2 d 不吃饲料，接受公狐交配，此时为发情盛期，也是配种适期，一般持续 3~4 d；当阴门回缩，分泌物减少，外阴肿胀逐渐消退，变为白色，拒绝公狐爬跨时，说明已进入发情后期。母狐发情时，还有经常靠在笼网上磨蹭或用舌舔其外阴部，并不断发出急促的求偶声等表现。

（2）放对试情法。

把外阴部检查有发情表现的母狐放到公狐笼内，观察其性行为的表现来判断其发情状况。开始发情的母狐喜欢接近公狐，但拒绝公狐爬跨，当公狐爬跨时，尾巴夹紧并回头扑咬公狐，一般不能达成交配；发情盛期的母狐，性欲旺盛，公狐爬跨时，后肢站立，尾巴遇起静候或迎合公狐交配，性欲强的母狐还主动逗引公狐甚至钻入公狐腹下或爬跨公狐，此时为配种适期。一些发情表现不明显的母狐，更要重视放对试情，仔细观察其性行为，以免耽误配种适期。

（四）貉的发情鉴定

貉为一年一次发情的动物。每年的秋天，公貉的睾丸和母貉的卵巢开始发育，到第二年的 1 月底到 2 月初分别有精子和卵子成熟，开始表现性欲，进入发情期，发情期持续 60~90 d，交配结束后，公貉及非受胎和断奶以后的母貉，于 5 月又恢复到静止期，静止期 10~12 月，直到秋分性器官再次发育，呈年周期变化。

母貉的发情鉴定采用外部观察和放对试情相结合的方法。

1. 外部观察法

母貉在静止期，外阴部无肿胀，颜色为粉灰色，形状如条状，阴毛密盖，阴蒂隐于阴唇内，无阴道分泌物；在发情初期，行动不安，徘徊运动增加，食欲减退，排尿频繁，常用舌舔外阴部，阴门开始显露，逐渐肿胀、外翻，阴毛逐渐分开，有少量白色稀薄黏液分泌，一般持续 7~25 d；在发情盛期，精神极度不安，食欲减退甚至废绝，反复发出求偶声，阴门高度肿胀，外翻呈圆形或椭圆形，阴门两侧有轻微的皱纹，呈"Y"或"十"字形，黏膜呈深红色、暗红色或浅灰色，阴蒂明显肿胀潮红，向外露出，并有黄色或乳白色的黏稠分泌物从阴门流出，此时为配种适期，一般持续 1%~4% 发情后期，母貉的活动逐渐正常，食欲恢复，精神趋于安定，阴门收缩，肿胀减退，分泌物减少，黏膜变干，阴蒂缩回，阴毛污秽不洁，一般持续 3~6 d。

2. 放对试情法

如果母貉尚未发情，放对时蹲坐在笼网上或蹲坐在笼网一角，头朝公貉拒绝交配，有时出现咬斗行为；开始发情的母貉则愿意接近公貉，并与之玩耍戏弄，频频排尿，但仍拒绝交配；发情旺盛的母貉会主动接近公貉，温顺地站立不动，尾歪向一侧，哼叫求偶，尿少、尿频，并接受交配；发情后期的母貉拒绝公貉的嬉戏，呈犬坐姿势咬斗或互不理睬。

（五）麝鼠的发情鉴定

麝鼠的发情鉴定主要采用放对试情，观察表现来确定。

笼养公、母鼠在发情时，均表现兴奋不安，活动频繁，来回出入窝舍、运动场和水池中，并发出"哽哽"的叫声，互相亲近、互相嗅外阴部，互相追逐戏弄。公鼠不断发出浓厚的麝香腺气味，引诱母鼠。发情母鼠主动接近公鼠，并接受爬跨。交配时，公鼠用前肢紧抱母鼠腰部，用后肢拍水，母鼠表现不动。

（六）海狸鼠的发情鉴定

母鼠的发情鉴定，可根据其外阴部的变化来确定。发情的母鼠外阴部潮红，逐渐张开，呈一条红线，阴部肿胀湿润、并有黏液分泌，食欲不振，鸣叫，常在窝室外徘徊。放对时，对公鼠的追逐无敌意，并和公鼠玩耍，公鼠爬跨时，拱起身体的后部，伸直后腿，尾翘向一边接受交配。没有发情的母鼠放对时会避开公鼠，并躲入角落发出叫声，为避免争斗应马上把它们分开。

（七）毛丝鼠的发情鉴定

可根据母鼠的活动表现，观察其外阴部的变化或采用阴道涂片的方法进行。毛丝鼠是自发性排卵动物。发情母鼠行为活跃，食欲减退，乳头红晕，被毛脱落；未发情的母鼠阴门有阴道膜封闭，开始发情的 1~8 d 内，阴道膜破裂，可见阴门红肿，并有黏液流出。一般在阴道封闭膜出现裂口的当天或裂口后 1~2 d 内排卵，因而此时应是配种适期。

如阴道涂片上可观察到角化扁平上皮细胞，单核细胞也较多时，说明母鼠正在发情。

第八章 人工授精

第一节 概 述

人工授精是指利用器械以人工方法采集雄性动物的精液，经特定处理后，再输入到发情的雌性动物生殖道的特定部位使其妊娠的一种动物繁殖技术。

自从人工授精和冷冻精液技术产生并发展完善以来，对畜牧业，特别是养牛业的发展起到了巨大的推动作用，已成为现代畜牧业生产的重要技术手段，在我国和世界大多数国家得到广泛应用。人工授精技术对于提高优良畜禽的配种效率；加速改良步伐，促进育种进程；保护品种资源；降低生产成本；克服公、母畜体格悬殊造成的交配困难；防止疾病传播；提高母畜的受胎率等方面均具有重要作用。

一、国外人工授精的发展简况

国外人工授精的发展可分为三个阶段：即试验阶段、应用阶段和冷冻精液阶段。

（一）试验阶段

1780年意大利生理学家 Spallanzani 用犬做试验，用处于体温温度的精液给一只母犬人工授精，62 d 后生下 3 个小狗。1782 年，Rossi 和 Branchi 教授成功地重复了他的试验。Spallanzani 随后通过过滤把精液中能够受精的成分与精清分开。并证实通过滤纸的液体不能受精，而留在滤纸上的成分有极高的受精率。1803 年，Spallanzani 又报告用雪把精子冷却后精子并未死亡，但停止了运动，加热后又恢复了运动，且能持续数小时。

1899 年，俄国学者 E.I.Ivanoff 开始研究家畜的人工授精，并于 20 世纪初在马的人工授精获得成功，随后成功地进行了牛和绵羊的人工授精。

假阴道的发明是人工授精技术中的重要进展。1914 年，罗马大学的教授研制成世界上第一个用于犬采精的假阴道。俄国科学家随后仿制成马、牛、绵羊用假阴道。至今假阴道采精仍然是牛、绵羊、山羊、马采精的首选技术。

稀释液的开发加快了人工授精的推广步伐。在 20 世纪 30 年代的晚期，威斯康星大学的 P.H.Phillips 和 H.A.Lardy 开发了一种具有缓冲和营养作用的卵黄——磷酸盐稀释液。这种稀释液不仅对精子从体温冷却到 5℃能起到保护作用，而且能给精子代谢提供营养，保持精液稀释前后的 PH 恒定。采用这种稀释液稀释精液，精子能存活和保持受精能力 3~4 d。G.W.Salisbary 等随后对这种稀释液进行了改进，用柠檬酸钠代替了磷酸盐，使精子在显微镜下能被清楚地看见，为稀释后更准确地评定精子活率提供了方便。第二次世界大战之后，青霉素和链霉素开始用于畜牧业。宾夕法尼亚大学的 J.O.Almquist 第一个报告使用青霉素和链霉素可控制牛精液中的细菌污染。此后，青霉素和链霉素被广泛用于了人工授精行业，显著地提高了受胎率。

早期的输精只是简单地把精液输送到母畜的阴道内。阴道扩张器和玻璃的输精管（输精器）的应用，使精液能输送到子宫颈内约 2cm 深处。1937 年，丹麦的兽医又开发了母牛的直肠—阴道输精法（也称直肠子宫颈把握法）。输精技术的改进进一步提高了人工授精的受胎率，推动人工授精由试验阶段进入应用阶段。

（二）应用阶段

20 世纪 40~60 年代，人工授精进入全面推广阶段，成为家畜改良的重要手段。许多国家，尤其是欧洲、北美、大洋洲、日本等畜牧业发达的国家和地区，各家畜的人工授精在当时已相当普及，其中以奶牛的普及率最高，发展最快，技术水平最高，效果最好。

（三）冷冻精液阶段

1951 年，A.S.Parkes 和 C.Polge 在研究冷冻和解冻鸡精子的过程中，发现甘油能起到保护作用，但用于哺乳动物的精液冷冻并不成功。后来，他们发现，把甘油加入精液后停留一晚上再进行冷冻就能成功。并采用干冰作为制冷剂，

在 −79℃下贮存精子。英国的科学家 Smith 等将甘油用于牛精液的冷冻保存取得成功，于 1951 年产下世界上第一头冷冻精液牛犊，使人工授精进入了一个崭新的发展阶段。

1957 年，美国良种服务组织（American Breeders Service）率先使用液作为制冷剂来冷冻和贮存精液。Linde 公司随后开发生产了一种只需每隔 60~90 d 补充一次液氮的大型不锈钢真空容器，使得远距离运送和长时间贮存精液变为现实。

法国的凯苏氏研究小组在细管开发方面享有盛誉。该研究小组于 1964 年，开发出容量为 1.2 mL 的细管，此细管与 1.2 mL 的玻璃安瓿相比，冻后精子活率有了明显的提高，并意识到冷冻表面系数是决定冻后活率的主要因素。他们随后转向开发直径为原来一半，容量是 0.5 mL 的"中型细管"，应用效果良好。凯苏氏研究小组于 1968 年又开发出更小的容量只有 0.25 mL 的"微型细管"，其应用效果更加良好。目前微型细管在世界范围内广泛应用，有逐渐取代中型细管的趋势。

二、国内人工授精的发展历史和现状

我国家畜人工授精始于 1935 年的句容种马场，到 20 世纪 40 年代初以后推行于绵羊和奶牛，1951 年以后主要在东北大力推广于马匹。此后，人工授精的重点又转向奶牛和猪。奶牛人工授精于 20 世纪 50 年代中期开始，到 70 年代已普及，对中国黑白花奶牛的培育起到极其重要的作用。目前，奶牛应用冷冻精液的普及率已在 90% 以上。猪的人工授精自 20 世纪 50 年代起，相继在广西、江苏、北京、黑龙江、广东等地推广，主要应用于规模化养猪场。鸡的人工授精由于笼养鸡的发展得到普及应用。有些野生、珍稀动物，如梅花鹿、狐、熊、大熊猫等人工授精和冷冻精液的研究亦获成功。1958 年，我国水产科技工作者对四大家鱼的人工繁殖也获成功，从而为我国的淡水养殖业开创了新局面。但我国人工授精的普及率及其技术和管理水平与畜牧业发达的国家相比差距仍较大，特别是肉用羊的人工授精技术需求很迫切，有待进一步提高，需要一大批专业化的人工授精公司来进行市场化运作。

第二节　采　精

采精是人工授精的首要环节，认真做好采精前的准备，正确掌握采精技术，科学安排采精频率，才能获得大量的优质精液。

一、采精前的准备

（一）场地准备

采精的环境要良好，场地要固定，以便公畜建立起良好的性反射。室外采精场地要求宽敞、平坦、安静、清洁、避风；室内采精场地应宽敞明亮、地面平坦，注意防滑，要与人工授精操作室相连，并附设喷洒消毒和紫外线照射杀菌设备。

（二）台畜的准备

采精时可利用活台畜或假台畜供公畜爬跨。经训练过的公、母、阉畜均可作台畜，用发情良好的健壮母畜作台畜效果最好。采精前，先将活台畜牵至采精架加以保定，然后将尾部系向一侧，再对尾根部、肛门、会阴部及外阴部进行彻底清洗消毒，最后用灭菌干净抹布擦干。应用假台畜采精，安全方便，各种家畜均可采用。

使用假台畜采精的种公畜必须经过调教，方法有：在假台畜后躯涂抹发情母畜阴道黏液或尿液，以引起公畜的性兴奋；在假台畜旁放一发情母畜，诱发公畜爬跨假台畜；将待调教的公畜拴系在假台畜附近，让其观摩另一已调教好的公畜爬跨假台畜，然后再令其爬跨。在调教过程中，要耐心细致，反复训练，切勿强迫、恐吓，甚至抽打等，否则会造成调教困难或性抑制。

（三）种公畜的准备

每隔半月或一月要用无菌生理盐水加抗生素冲洗公畜的阴筒和包皮一次，采精前再用清水洗净包皮和下腹部，以减少采精时对精液的污染。

公畜采精前的性准备是否充分，直接影响所采精液的数量和质量。因此，在临采精前，必须以一定诱情方法刺激公畜的性欲。通过让公畜在活台畜附近停留片刻；进行几次假爬跨；观看其他公畜爬跨射精等方法，增强其性兴奋，提高精液的质量和精子的数量。

二、采精方法

　　畜禽采精方法有多种，常用的有假阴道法、手握法、按摩法、电刺激法等，使用时应根据动物种类和环境条件的不同，合理地进行选择。假阴道法是较理想的采精方法，适用于各种家畜和部分驯兽；手握法是我国对公猪采精普遍采用的方法；按摩法主要应用于禽类的采精；电刺激法，主要应用于失去爬跨能力的驯养动物和野生动物的采精。

（一）假阴道采精法

　　1. 假阴道的安装

　　假阴道在使用前要按照如下步骤进行安装：

　　（1）洗涤假阴道的主要部件如内胎和集精杯等，在使用前一天以 1%~2% 的碳酸氢钠溶液彻底洗涤，也可配合使用肥皂脱去油脂，再用清水冲洗 3~4 遍，然后晾干。

　　（2）安装内胎采精的当天，将内胎的光滑面向里粗糙面向外，置于外壳内拉直，再将内胎两端外翻在外壳的两端，用胶圈加以固定，防止滑脱。

　　（3）消毒以长柄镊夹取 75% 酒精浸湿的纱布块，全面涂擦内胎进行消毒。待消毒彻底后，再安装集精杯。集精杯可用蒸煮或酒精消毒。

　　（4）冲洗将灭菌的内胎和集精杯，用经灭菌的稀释液冲洗 2~3 次（洗掉酒精或蒸馏水）。

　　（5）注水由假阴道外壳的注水孔注入占假阴道夹层腔体积 2/3 左右的热水，水温一般为 45~50 ℃，注水量应因畜种和个体的不同而异。

　　（6）涂润滑剂用灭菌的玻璃棒蘸取灭菌的润滑剂（用医用凡士林和液体石蜡配成）涂至假阴道前段落 1/2 处，以滑润其内腔。

　　（7）调压根据不同种类、品种和个体的要求，再注入一定量的空气以维持假阴道内腔适宜的压力，刺激阴茎产生射精反射。

　　（8）测温临采精时，用灭菌的水温计插入假阴道内测试其温度（38~40 ℃为宜）。

2.采精操作

利用假台畜采用假阴道法采精，最好是将安装调试好的假阴道安置在假台备的后躯内，任由公畜爬跨台畜在假阴道内射精，来收集精液。假台畜体内的阴道集精杯端要稍向下倾倒，以防精液倒流。

利用活台畜采用手握假阴道采精时，采精人员应站在台畜的右后侧，当公畜爬跨上台畜时，一手握包皮，一手用盛有蒸馏水的清洗器清洗公畜的阴茎。待公畜第二次爬跨台畜时，将假阴道立即紧靠（牛）或固定（马、驴）于台畜尻部右侧，使其倾斜35°左右（与公畜阴茎伸出的方向一致），迅速将阴茎导入假阴道内，任其自由抽动数次射精。射精时，要将假阴道集精杯一端向下倾斜，以便精液流入集精杯内。公畜跳下时，应随阴茎后移，边移边放掉阴道内的空气，在阴茎自行软缩脱出后，随即取下假阴道。

手握假阴道对不同动物采精的注意事项如下。

①公牛和公羊对温度比压力敏感，对假阴道内温度要求较高，应用手握包皮将阴茎导入假阴道；牛、羊交配时间短，向前一冲即行射精，操作要迅速准确。

②公马、公驴对假阴道内压力比温度更为敏感，可以直接用手握住阴茎导入假阴道；公马、公驴采精时，要牢固地将假阴道固定于台畜尻部，阴茎基部、尾根部呈有节奏收缩和搏动即为射精。

③公猪对压力要求高，阴茎龟头被固定才能射精，要有节奏地施加压力。公猪射精时间长达5~7 min，且精膜大，防止精液倒流。

④公兔采精时，手持假阴道置于台兔的后侧，在公兔爬跨将假阴道口趋近阴茎挺出的方向。公兔阴茎一旦插入假阴道内，前后抽动数秒，然后向前一挺，后肢蜷缩向一侧倒下，发出"咕"的叫声，表示已射精。

⑤马鹿也可用假阴道采精，操作方法基本同牛。

⑥公犬也可采用假阴道法采精，但应依据犬品种、大小的不同，选择合适的假阴道。

（二）手提法

手握法是公猪采精常用的方法。操作方法是：采精员一手戴灭菌胶手套，另一只手持集精杯（杯口盖2~3层灭菌纱布）蹲在假台猪一侧，待种公猪爬跨假台猪后，先用0.1%高锰酸钾溶液清洗、消毒公猪的包皮及其周围，然后用生理盐水冲洗并擦干。当阴茎从包皮内伸出时，让其自行伸入戴手套的空拳中。当龟头尖端露出拳外 0.5 cm 左右时立即紧握龟头，待其抽动转动一会儿，手握拳松紧呈节律性给阴茎施加压力，待阴茎充分勃起时，顺势牵引向前，公猪就会射精。射精时，握阴茎的手不应加压，也不能使阴茎滑脱。另一只手持集精杯，收集富集精子的部分。射精暂停时，再恢复节律性握力，直至射精结束为止。此法设备简单，操作方便，可选择性地采集到精液较浓部分，但精液易受污染和冷打击的影响。

（三）电刺激采精法

电刺激采精器是由电流控制器和电极探棒两部分组成。各种动物应选择适宜的电刺激强度进行采精（表 7-1）。采精畜禽可实行站立和侧卧姿势保定，对一些不易保定的野生动物可采用保定宁、静松灵和氯胺酮进行药物麻醉，先行剪去包皮及其周围的毛，以生理盐水擦净，灌肠清除直肠内宿粪，将涂抹滑润剂的电极探棒插入肛门，抵达到输精管壶腹部，插入的深度，牛、鹿为 20~25 cm，羊为 10 cm，犬为 10~15 cm，熊为 15~20 cm，兔为 5 cm，禽类 4 cm。采精时，先开电源，调节电流控制器，确定频率和通电时间，再调整电压，由低逐渐增强，加大刺激强度，直到动物阴茎伸出，直接截取排出的精液。但此方法操作麻烦，费时费力，故在生产中不易推广。

表 7-1　各种动物电刺激采精强度

动物种类	频率 /Hz	电流 /mA	电压 /V	通电时间 /s	
				持续	间隔
牛	20~30	150~250	3-6-9-12-16	3~5	5~10
绵羊、山羊	40~50	40~100	3-6-9-12	5	10
猪	30~40	50~150	3-6-9-12-16	5~10	5~10
梅花鹿、马鹿	40	200~250	3-6-9-12-16	10	10
大熊猫	30~40	40~100	3-6-9-12-16	3~5	5~10
家兔	15~20	100	3-6-9-12	3~5	5~10
鸭		60~80	30	3	5

（四）按摩法

按摩法是通过采精人员的手指对雄性动物的生殖器官及副性腺进行刺激，以引起性欲而出现射精的一种方法，适用于牛、犬和禽类的采精。

1. 禽类的按摩采精

采精前将公禽肛门周围的羽毛剪去，以免妨碍操作和污染精液，之后用 70% 的酒精消毒，再用蒸馏水擦洗，待稍干后采精。采精前公禽应断水料 3~4 h，以防采精时排粪排尿而污染精液。

（1）鸡的按摩采精。

常见的为背腹式按摩采精法：一般由两人操作，保定员用双手各保定住公鸡的一条腿，使其自然分开，拇指扣住翅膀，使公鸡尾部朝向采精员，呈自然交配姿势。采精员右手持集精杯，夹于中指与无名指或食指之间，站在助手右侧，集精杯的杯口朝外。右手的拇指和食指横跨在泄殖腔下面腹部的柔软部两侧，虎口部紧贴鸡腹部，先用左手自背鞍部向尾部方向轻快地按摩数次，降低公鸡的惊恐程度，并引起性感，接着左手顺势将尾部翻向背部，拇指和食指跨捏在泄殖腔两侧，位置稍靠上。与此同时，采精员在鸡腹的柔软部施以迅速而敏捷的抖动按摩，然后迅速地轻轻用力向上抵压泄殖腔，此时公鸡性感强烈，采精员右手拇指与食指感觉到公鸡尾部和泄殖腔有下压感觉，左手拇指和食指即可在泄殖腔上部两侧下压，使公鸡翻出退化的交配器并排出精液，在左手施加压力的同时，右手迅速将集精杯口置于交配器下方承接精液。每采完10~15只公鸡精液后，应立即开始输精，待输完后再采。

一人也可采精，采精员坐在凳子上，将公鸡保定在两腿之间，头部朝左下侧，可空出两手，按以上方法按摩采精。火鸡的采精操作与鸡的基本相同。

（2）鸭和鹅的按摩采精。

采精员坐于凳子上，将公禽放于膝盖上，助手坐在采精员的右侧，以左手固定公禽的双腿。采精员先用生理盐水对肛门周围清洗，再以右手托腹部，并轻轻按摩，右手掌心向下，拇指与四指分开，按在公禽的背部，从翼的基部向尾部用力按摩，至尾部时收拢拇指、食指和中指，紧贴泄殖腔外周开口而过。反复按摩4~5次，即可感到泄殖腔内阴茎勃起，此时右手自腹下上移，握住泄殖腔开口部按摩，待阴茎充分勃起的瞬间，左手拇指和食指自背部下移，轻轻压挤泄殖腔上1/3部，使阴茎上的输精沟闭合，精液即从阴茎顶端射出。右手持集精杯顺势接取精液，并以左手反复挤压直到精液完全排出。

2.牛的按摩采精

排出采精公牛直肠内的宿粪之后，操作人员的手臂伸入直肠（约25 cm）达膀胱背侧稍后部位，连续按摩两侧精囊腺进行刺激，开始排出少量精清，再用手指捏提两侧精囊腺之间的两条输精管壶腹部，手指由前向后滑动按摩一段时间，即可引起公牛排精；与此同时，再由助手配合由上向下按摩阴茎，特别是阴茎的

S状弯曲，以刺激阴茎伸出于包皮外，便于收集精液，减少污染。

　　3.犬的按摩采精

　　操作时右手戴上合适的乳胶手套，轻缓地握住公犬阴茎龟头球部，左手拿住集精杯位于公犬的左侧准备收集精液。给予龟头球部以适当的压力并作前后按摩，当阴茎充分勃起后30 s左右即开始射精，一般持续l~3 min。采精时不得使阴茎接触器械，否则会抑制射精。公犬的射精量为2~15 mL，射精过程分三段，中段是来自睾丸的富含精子的部分，呈白色。射精后，公犬一般有抬起一只后腿，企图越过采精者的手臂的动作，这种现象在自然交配时均会发生。

三、采精频率

　　采精频率是指每周对种畜禽的采精次数。合理安排采精频率是维持公畜健康和最大限度采集精液的重要条件。各种动物的采精频率要根据其精子产生数量、附睾内的贮精量、每次射精量、精子活率和饲养管理水平等因素来决定。采精过频会降低精液品质，引起公畜生殖机能下降和体质衰弱等不良后果；采精频率不足，也会使死精子比率上升，精液品质下降。

　　在生产中，成年种公牛每周采精2~3次，每天采2次，也可以每周3次，隔日采精；青年公牛精子产生量较成年公牛少1/2~1/3，采精频率应酌减。公猪、公马射精量大，很快使附睾内贮存精子彻底排空，最好隔日采精。绵羊和山羊的配种季节短，射精量小而附睾贮存量大，在配种季节内可每日连续采精3~4次，每周应休息一天。犬可隔日采精一次。鸡、鸭、鹅的采精频率以每周三次或隔日采精为宜，若配种任务重可连续采两天后休息一天。生产中如精液样品中出现未成熟精子，精子尾部近头端有未脱落原生质滴，种畜禽性欲下降等现象，说明畜禽采精频率过高，应立即减少或停止采精，加强饲养管理。

第三节　精液品质的评定

　　精液品质评定是为了鉴别精液品质的优劣，决定精液样品的取舍，以此作为新鲜精液稀释、保存的依据，同时也能确定种公畜的配种负担能力，反映种公畜的饲养管理水平、生殖器官的机能状态和采精技术的高低，也可衡量精液在稀释、保存、冷冻和运输过程中的品质变化及处理效果。

一、外观评定

（一）感观

正常未经稀释的牛、羊精液因精子密度大而混浊不透明，肉眼观察时，可见精液翻腾呈现旋涡云雾状。马、猪的精子浓度低，云雾状不明显或者不能观察到。精液应不含毛发、杂质和其他污染物。含有块状物的（公猪和公马精液中的凝胶样物质除外）凝固状精液不能使用，这表明生殖系统有炎症。

正常牛、羊精液呈乳白色或乳黄色，水牛为乳白色或灰白色，猪、马、兔的精液为淡乳白色或浅灰白色。精液色泽异常表明公畜生殖器官有疾患。例如呈浅绿色是混有脓液；呈淡红色是混有血液；呈黄色是混有尿液。但有的公牛持续地产生黄色精液，是由于其中含有核黄素，这对精液品质没有影响。此种情况应注意与含尿的精液相区别，后者有明显的尿味。

（二）射精

射精量可以从刻度集精杯上读出。射精量因品种和个体而异。评定公畜正常射精量不能仅凭一次采精记录，应以一定时间内多次采精总量的平均数为依据，精液量不包括精液中的胶状物。一般说来，青年公畜和较小的个体产生的精液较少。频繁采精导致平均射精量减少，连续射精 2 次时，第 2 次的精液量通常较少。射精量少并非有害，但同时伴有精子浓度降低，则获得的总精子数就会减少。射精量的异常减少可能是公畜的健康因素所导致，也可能是采精程序有问题。

二、显微镜检查

（一）精子活率

精子活率是指精液中前进运动精子所占有的百分率，也称为活力。做前进运动的精子是指精子近似直线地从一点移动或前进到另一点。精子活率是精液品质评定的一个重要指标，因为它与受精率高度相关。

精子活率是一个经常评定的指标，一般在采精后、精液稀释后、降温平衡后、冷冻后、解冻后和输精前都要评定。稀释液中的卵黄、甘油和乳汁等会使精子的运动速度减慢，但并不影响精子活率。全乳稀释液和其他一些稀释液会使单个精子难以看清，影响评定的准确性。

精子活率评定常采用目测法，主观性强是其主要缺点。评定时借助光学显微镜放大 200~400 倍，对精液样品中前进运动精子所占百分率进行估测。通常采用 0~1.0 的 10 级评分标准。100% 直线前进运动者为 1.0 分，90% 直线前进运动者为 0.9 分，以此类推。低温保存的精液必须升温后才能检查评定，其中猪的保存精液除适当加温外，还应同时进行 1.5~2.0 h 轻轻振荡，充氧后才能恢复正常活力，再进行评定。各种家畜新鲜精液活率一般在 0.7~0.8 左右，黄牛一般比水牛高，驴比马高，猪的浓份精液与牛的相似。输精用的液态保存精液活率应在 0.5 以上，冷冻精液活率应在 0.3 以上。

因为精子活率受环境温度影响较大，在评定时精液样品的温度应为 37~40 ℃。早期采用把显微镜放入保温箱内来满足此要求，现常用电热恒温板来加热和维持恒温。电热恒温板一般由温控仪表和加热板两部分组成，能使载玻片、盖板片及其上的精液样品加热并恒温在 38 ℃左右。

为看清单个的精子运动情况，在评定精子活率时应对所评定的精液样品用等渗的稀释液进行稀释，牛、羊精液通常稀释 100 倍，猪、马精液需稀释 10 倍。

采用生物电视显微镜，不仅使观测者在电视机或监视器屏幕上清楚地看到精子的运动情况，而且可使几个人同时对精子活率做出评价，减少了评价的主观性，已被许多实验室和生产单位采用。

精子活率 = 直线前进运动精子数 / 总精子数 ×100%

（二）精子密度

精子密度，又称精子浓度，指单位容积（1 mL）的精液所含的精子数。准确地测定每毫升精液中的精子数量具有极其重要的意义，因为这是一个极易变动的精液指标。采用估测法、血细胞计计数法、光电比色计测定法、电子颗粒计数仪测定法进行测定。

1. 估测法

通常与检测精子活率同时进行。在低倍（10×10）显微镜下根据精子的稠密程度及其分布情况，将精子密度粗略分为"密""中""稀"三级。由于各家畜精液中精子密度相差很大，很难使用统一的等级标准，而且评定带有一定主观性，误差较大，常在基层人工授精站使用。

密：整个视野内充满精子几乎看不到空隙，很难见到单个精子活动。

中：视野内精子之间有相当于一个精子长度的明显空隙，可见单个精子的活动。

稀：视野内精子之间的空隙很大，甚至可查清所有精子数。

2.血细胞计计算法

基本原理：血细胞计的计数室深 0.1 mm，底部为正方形，长宽各是 1.0 mm。底部正方形又划分成 25 个小方格，通过计数和计算求出该计算室中精液中的精子数，再根据稀释倍数计算出每毫升精液中的精子数（表 7-2）。

7-2 精液稀释倍数

畜种	吸管种类	吸取所至刻度		稀释倍数
		精液	3% NaCl	
牛、羊	红细胞吸管	10 μL	1 990 μL	200
		20 μL	1 980 μL	100
猪、马	白细胞吸管	10 μL	190 μL	20
		20 μL	180 μL	10

方法：用 1 mL 吸管准确吸取 3% NaCl 溶液 0.2 mL 或 2 mL 注入小试管内，根据稀释倍数要求，用血吸管吸取并弃去 10 μL 或 20 μL 的 3% NaCl 溶液。再用血吸管吸取被测精液 10 μL 或 20 μL 注入小试管内摇匀。然后取一滴稀释后精液滴于计算盘上的盖玻片边缘，使精液渗入计算室内，充满其中，不得有气泡。在 400~600 倍显微镜下统计出计算室的四角及中央共 5 个中方格内的 80 个小方格内的精子数。查清精子数时，以精子头部为准。当精子位于中方格的四周边线上时，只计算二条相邻边线上的精子头部，以避免重复。然后计算出每毫升被测原精液所含精子数。公式为：

精子数 /mL=$X \times 400 \times 10 \times$ 稀释倍数 $\times 1000/80$

利用血细胞计计算精子浓度时应预先对精液进行稀释。稀释的目的是为了使在计数室的单个精子清晰可数。所用稀释液必须能杀死精子。常用的有 3% NaCl 溶液，含 5% 氯化三苯基四氮唑的生理盐水，含 5% 氯胺 T 的生理盐水以及 5 g NaHCO$_3$ 和 1 mL 35% 的浓甲醛加生理盐水至 100 mL 组成的混合溶液。有人推荐 2% 的伊红水溶液，其具有杀精和染色的双重作用，更便于精子计数。

用血细胞计计数法测定精子浓度时，如果操作认真，富于经验就能得到准确的结果。初学者可以通过同一样品连续两次的测定结果是否相差在5%以内来测量自己的技术水平。

一种新型的称为Makler计数室的工具现广泛用于体外受精和其他研究中，用来对精子计数。

3.光电比色计测定法

光电比色计也称为分光光度计，是目前较准确用来评定牛、羊精子密度的一种仪器。也可用于测定去胶体的猪、马精液。其原理为：当已知波长的光柱穿过某一悬浮液时，由于液体中颗粒的数量、大小、形状以及通透性的不同，这一悬浮液对光的吸收、折射或穿透也不同。如果每个样品中颗粒大小和形状都一样，那么样品的光透率变化就只取决于颗粒物质的浓度。每毫升样品所含的精子数越多，能够透过样品的光就越少。

精液样品密度和样品透光率之间的线性关系用对数来表示。在使用光电比色计之前，需根据血细胞计计算出精液样品中的精子数来确定标准，再根据回归公式做出精子数量相对光密度的标准曲线。然后根据标准曲线上的光密度值来计算未知样品的精子浓度。

稀释时先向专用的比色管中加入一定量的2.9%的柠檬酸钠溶液，再加入所需剂量的精液，并使两者充分混匀。通常的稀释倍数是80、100或160，使样品的透光率在20%~80%范围内，以便取得最可靠的测定值。

精子密度测定仪（最新型的光电比色计）已事先把标准曲线储存在控制仪器的微电脑中，使用时自动对测定的精液样品稀释，可直接计算出或打印出样品的精子密度、建议的稀释倍数和稀释液的加入量等项目的数据，可快捷、准确、方便地测定精子密度，已被冷冻精液生产单位普遍采用。

4.电子颗粒计数仪测定法

电子颗粒计数仪能准确测定精子密度，其准确度比血细胞计或光电比色计更高，使用时该仪器被调整到测定颗粒物档位，以便只对样品中的精子细胞进行计数。已作稀释的精液样品通过一个特制的直径很小的毛细管时，每次只有一个精子细胞在两个电极之间通过。精子头部引起的电阻陡增被计数器记录。此方法最大的缺点是仪器价格昂贵，使其在生产中的推广应用受到限制。

（三）精子活动力

一般指评定精液品质时，在显微镜下观察精子所表现活动能力的强弱。它关系到精子在母畜生殖道内的运行和与卵子结合的能力，也是精液品质评定的主要指标。方法是：取一滴精液（若为原精液可用等渗溶液如生理盐水或稀释液加以稀释、混匀）置于载玻片上，盖上盖玻片，在 37~38 ℃显微镜恒温台或保温箱内，于 200~400 倍镜下观察精子活动状态，可按以下五种活动状态评定。

强：精子呈现最活跃的直线前进运动；

较强：精子呈现较活跃的直线前进运动；

一般：精子呈现缓慢的直线前进运动；

弱：精子呈现旋转运动或原地摆动；

无：精子呈现完全不动的状态。

（四）精子形态

1. 精子畸形率

大多数公畜的精液都有一定比例的畸形精子，正常精液的精子畸形率一般不超过 20%，优秀精液的精子畸形率必须在一定数量之下：牛 18%，水牛 15%，羊 14%，猪 18%，马 12%。

方法：取一小滴被测精液（密度大的需用生理盐水稀释）置于载玻片上，将样品滴以拉出形式制成抹片，切忌将精液推出而造成人为精子损伤。用 0.5% 龙胆紫酒精或蓝墨水染色 3 min，自然干燥、水洗后即可在 400 倍显微镜下观察，检查不同视野的精子数（不少于 200 个），计算出畸形精子百分率。相差显微镜特别是 Nomarski 反差干涉显微镜很有助于检查。

若干种染色混合物用于检测活精子百分率。这些方法的效果变化较大，主要受染色液的 pH 值及染色期间的温度影响。特异的和形态学的染色还可揭示畸形精子的结构。

应特别注意精子的顶体，因其在受精过程中起重要作用。牛和猪的精子顶体脊因精子的变化或损伤而变性，并且顶体蛋白酶可能损失。最后，顶体因变得松弛而丢失。这种情况只能用适当的相差或干涉显微镜或经特殊染色才能观察到。

人工授精中心的常规检查中，畸形精子的分类如下：头部畸形或头尾分离，精子尾部中段的前端、中部或末端附着有原生质小滴，尾部卷圈或弯曲和其他形式畸形。

2. 精子顶体异常率

在正常情况下，牛精子的顶体异常率为 5.9%，猪为 2.3%，牛超过 14%，猪超过 4.3% 会直接影响其受精率。精子顶体异常有膨大、缺陷、部分脱落、全部脱落等数种。

方法：采用测定精子畸形率的方法做出精子抹片，自然干燥 2~20 min，以 1~2 mL 的福尔马林磷酸缓冲液固定。对含有卵黄、甘油的精液样品需用含 2% 甲醛的柠檬酸钠液固定。静置 15 min，水洗后用姬姆萨液染色 90 min 或用苏木精染液染色 15 min，水洗，风干后再用 0.5% 伊红染液复染 2~3 min。水洗、风干置于 1 000 倍显微镜下用油镜检查，或用相差显微镜（10×40×1.25 倍）观察。每张抹片须观察 300 个精子，统计出精子顶体异常率。

近年来，一些研究人员用荧光染料 the PsA-FITC/Hoechst33258 对精子染色，借助荧光显微镜来检查精子顶体状态，使检查更加准确和迅捷，但在生产中的应用还受到设备和技术的限制。

（五）精子存活时间及其存活指数

精子存活时间和存活指数与受精率密切相关。精子存活时间是指精子在一定条件下体外的总生存时间，而精子存活指数是指平均存活时间，表示精子活率下降速度。检查时将稀释后的精液置于一定的温度（0 ℃或 37 ℃），间隔一定时间（4~8 h）检查活率，直至无活动精子为止所需的总小时数是存活时间，而相邻两次检查的平均活率与间隔时间的积相加总和为存活指数。精子存活时间越长，存活指数越大，精子生活力就越强，品质就越好。

三、精液的细菌学检查

目前国内外都十分重视精液的微生物检验，精液中含有的病原微生物及菌落数已列入了精液品质评定的重要指标，并作为海关进口精液的重要检验项目。

方法：取溶解后的 10 mL 普通琼脂冷却至 45~50 ℃，加入无菌脱纤维血液或血清 5~10 mL，混合均匀，倒入灭菌平皿中，置于 37 ℃恒温培养箱内培养 1~2 d，确认无菌时才可应用。

取一定剂量的冷冻精液，灭菌生理盐水稀释 10 倍，取 0.2 mL 倒于血琼脂平板，均匀分布，在普通培养箱中 37 ℃恒温培养 48 h，观察平皿内菌落数并计算每剂量中的细菌菌落数，每个样品做两次，取其平均数。

每剂量中细菌数 = 菌落数 × 稀释倍数 × 取样品的倍数

随着生物技术的快速发展，PCR 技术也已应用到精液病原微生物的检测中。已有许多利用 PCR 或巢式 PCR 检测精液中的病原微生物（如猪精液中的环状病毒）的报道。

四、精液品质评定的新设备和新方法

（一）精液品质分析仪

长期以来，人们一直在研究客观、准确、迅速地评定精液品质的技术和设备。近年来，随着电子技术的进步，精液品质电脑自动分析仪的发展迅速，已进入第二代和第三代阶段。我国在这方面的研究和开发也有了显著成效，国产设备和系统已问世。

分析仪能对精液样品的精子活率、精子密度、精子运动类型及速度、精子顶体完整率等指标进行定量和定性分析。系统由计算机（主机内含图像采集卡）、彩色生物电视显微镜、电热恒温板、彩色打印机、录像机等硬件和计算机分析软件组成。

第三代分析仪增加了对精子尾部的识别和分析，克服了第一代和第二代分析仪不能区分样品中的杂物碎片和死精子的弊端。

精液品质自动分析仪提高了对精液受精率的预测能力，有利于揭示形态和受精率之间的确切关系。随着技术的进步，电脑自动分析仪分析速度将进一步提高，价格将逐步降低，在不久的将来，有望进入实际应用阶段。

（二）新的检查方法

1. 流式细胞计数仪分析精子染色体结构

精子染色体结构分析是测定精子对原位 DNA 变性的敏感性，即精子在酸中处理 30 s，然后用特异性荧光染料吖啶橙染色，通过流式细胞计数仪进行分析。此法可作为精液品质检查的辅助手段。另有利用溴脱氧尿嘧啶（BrdU）、末端氧核苷酸转移酶和荧光素标记的抗 BrdU 单克隆抗体进行切口 DNA（nicked DNA）测定，可以检测精子 DNA（染色质）变性和核完整性及凋亡情况。其结果与精子密度、活率和形态有密切关系。

2. 流式细胞计数仪分析精子质膜变化

细胞破坏时，丝氨酸（PS）从膜内层转移到外层，这是细胞凋亡的最早迹象。可通过膜联蛋白（annexin）与精子质膜的结合快速检测冷冻后精子膜的变化。用膜联蛋白V和碘化丙啶两种荧光染料染色，通过流式细胞计数仪进行分析。

3.荧光极化各向异性测定精子质膜流动性

各向异性值与膜流动性成反比。动前膜流动性越高，精子对冷冻的反应就越好。冷冻/解冻后精子活率和活力与各向异性值均有很强的相关性，因而可通过测定各向异性值预测精液冷冻保存的效果。

第四节　精液的稀释

精液稀释可扩大精液量，增加与配母畜头数；供给精子代谢的营养，防止精子遭受冷打击，缓冲不良环境的危害，抑制细菌的繁衍，延长精子的存活时间；便于精液的保存和运输，提高优良种公畜的利用率。

一、稀释液的主要成分及其作用

（一）稀释剂

稀释剂主要用以扩大精液容量。稀释液要求与精液有相同或相近的渗透压，如生理盐水、糖类及其某些盐类溶液。

（二）营养剂

营养剂主要提供精子在体外所需的能量，延长精子的存活时间。如糖类（主要为单糖）、奶类及卵黄等。

（三）保护剂

保护剂可中和、缓冲精清对精子保存的不良影响，防止精子受"低温打击"，创造精子生存的抑菌环境等。

1.缓冲物质

一般用柠檬酸钠、磷酸二氢钾、磷酸氢二钠、碳酸氢钠等盐类。近年来采用的三羟甲基氨基甲烷（Tris）碱性缓冲液，对酸中毒和酶活力具有良好的缓冲作用。乙二胺四乙酸（EDTA）是一种螯合剂，当它与重碳酸盐结合时，即能增强对精子的酸抑制作用。

2. 非电解质

为了延长精子在体外的存活时间，必须在稀释液中加入适量的非电解质或弱电解质，各种糖类、氨基酸等。

3. 防冷物质

防冷物质具有防止精子冷休克的作用。在保存精液时常需降温处理，冷刺激会使精子遭到冷休克而丧失活力。卵磷脂、脂蛋白及含磷脂的脂蛋白复合物均有防止冷休克的作用，但以卵磷脂效果最好。以上这些物质均存在于奶类和卵黄中，是常用的精子防冷保护物质。

4. 抗冻保护物质

具有抗冷冻危害的作用。精子常用的抗冻保护物质有甘油和二甲基亚砜（DMSO）等。

5. 抗生素精液

采精和处理过程中很难避免微生物的污染。因而在稀释液中要加入一定量的抗生素来抑制微生物的繁殖。常用的抗菌物质有青霉素、链霉素、氨苯磺胺等。近年来，国外有把数种新的广谱抗生素和磺胺类药物，如卡那霉素、林肯霉素、多黏菌素、氯霉素等试用于精液的保存，取得了较好的效果。

（四）其他添加剂

常用的有酶类、激素类、维生素和 pH 值调节物等，主要是改善精子外在环境的理化特性，调节母畜生殖道的生理机能，提高受精机会。

二、精液稀释液的种类、配制方法及注意事项

（一）精液稀释液的种类

依据稀释液的性质和用途，稀释液可分为四类。

（1）现用稀释液适用于采集的鲜精经稀释后立即输精的情况。此类稀释液常用以具有等渗透压的糖类和奶类为主，也可用生理盐水。在牧场、农村饲养种公畜的单位开展人工授精可采用这种稀释液。

（2）常温保存稀释液适用于精液的室内短期常温保存，具有 pH 值较低的特点。

（3）低温保存稀释液适用于精液的低温保存，以卵黄或奶类为主要成分，具

有抗冷休克的作用。

（4）冷冻保存稀释液适用于精液的超低温冷冻保存，其成分复杂，除含有糖类、卵黄外，需加入甘油或二甲基亚砜等抗冻物质。配制时往往采用多种稀释液分步稀释的方法。配合冷冻精液的使用还应有相应的解冻剂。

（二）稀释液的配制方法及注意事项

稀释液种类很多，要根据实际情况合理选择，现配现用。

（1）配制稀释液所使用的用具、容器必须洗涤干净、消毒，用前经稀释液冲洗。

（2）稀释液必须保持新鲜。如有条件可将灭菌的密封稀释液置于冰箱内保存数日，但卵黄、奶类、活性物质及抗生素须临时加入。

（3）所用的水必须清洁无毒。蒸馏水或去离子水要求新鲜，使用沸水应在冷却后用滤纸过滤。

（4）药品成分要纯净，一般选用化学纯或分析纯制剂，配制时称量要准确，充分溶解，过滤后消毒。

（5）使用的奶类应在水浴中灭菌（90~95 ℃）10 min，除去奶皮；卵黄要取自新鲜鸡蛋，取前要对蛋壳消毒。

（6）抗生素、酶类、激素、维生素等添加剂必须在稀释液冷却至室温时，按用量准确加入。

三、精液稀释和稀释倍数

（一）精液的稀释方法及注意事项

（1）稀释应在采精后立刻进行。

（2）确定稀释倍数。

（3）所有用具在稀释前必须用稀释液清洗。

（4）稀释液温度应与精液温度一致，在稀释过程中要防止温度突然升降。

（5）稀释时，要把稀释液沿瓶壁缓缓倒入精液，轻轻转动，混合均匀，不可把精液往稀释液里倒。

（6）如做高倍稀释，应分次进行，先低倍稀释，后稀释到高倍。

（7）稀释后要进行检查，活力不能有明显下降。

（二）精液稀释倍数

精液的稀释倍数应根据动物种类及其采精量、精子密度、精子活率等来确定。适当倍数的稀释可延长精子的存活时间，稀释倍数过高会使精子存活时间缩短，从而影响受胎率。牛的精液一般稀释 10~40 倍；绵羊、山羊的精液常在采精后数小时内用完，习惯上稀释 2~4 倍；猪的精液一般稀释 2~4 倍；马、驴精液的受精力下降很快，应在采精的当天或次日使用，一般稀释 2~3 倍；禽类的精液一般稀释 2~3 倍，如用 PBS 稀释液可做高倍稀释（10 倍稀释受精率达 90% 以上）。

第五节　精液的保存

一、液态精液的保存

（一）精液的常温保存

精液的常温保存是将精液保存在室温（15~25 ℃）下，也称变温保存。此方法保存的精液在 3 d 内有正常的受精能力，因设备简单，便于普及推广，特别适宜猪的精液保存。

（1）原理利用精子正常代谢所产生的乳酸或 CO_2+H_2O 或加入一定量的酸，使精液的 pH 值下降，抑制精子的活动，使精子保存在可逆的静止状态而不丧失受精能力。

（2）目前我国常用的是生理盐水（0.9% 氯化钠）或复方生理盐水。

（3）保存方法按输精量分装，封口后放在室内、地窖或自来水中保存。鸡的精液常用隔水降温。在 18~20 ℃范围内，保存不超过 1 h 即用于输精。

（4）注意事项切记要加入抗生素；保存温度要恒定，不能超过 25 ℃；pH 值不能太低，弱酸性即可。

（二）精液的低温保存

精液的低温保存是将精液放在 0~5 ℃下保存，效果比常温保存要好（猪除外），一般可保存 7 d 左右不丧失受精能力。

1. 原理

利用低温来抑制精子活动，降低代谢和运动的能量消耗。当温度回升后，精子又逐渐恢复正常代谢机能而不丧失受精能力。

鸡的低温保存稀释液：

（1）谷氨酸钠 0.867 g，醋酸钠 0.43 g，磷酸氢二钾 1.27 g，磷酸二氢钾 0.065 g，氯化镁 0.034 g，柠檬酸 0.064 g，果糖 0.50 g，TES 0.195 g，蒸馏水 100 mL。

（2）醋酸钠 1.0 g，磷酸氢二钾 0.15 g，葡萄糖 1.0 g，蔗糖 4.6 g，10% 醋酸 0.25 mL，蒸馏水 100 mL。

（3）谷氨酸钠 1.32 g，柠檬酸钾 0.128 g，醋酸镁 0.08 g，氢氧化钠 9.0 g，葡萄糖 0.60 g，MES 2.44 g，蒸馏水 100 mL。

（4）谷氨酸钠 1.40 g，磷酸氢二钠 0.98 g，磷酸二氢钠 0.21 g，柠檬酸钾 0.14 g，葡萄糖 2.4 g，肌醇 1.0 g，蒸馏水 100 mL。

2. 保存方法

稀释液中加入卵黄，缓缓降温（从 30 ℃降至 5 ℃时每分钟下降 0.2 ℃左右为宜）后，按一个输精剂量分装至贮精瓶中，封口。用数层纱布或棉花包裹，置于 0~5 ℃的低温下（窖、旱井、水井、冰箱等）保存。输精前要升温，可将贮精瓶直接放到 30 ℃的环境中。

3. 注意事项

最好加入抗生素；保持温度恒定；必须加入卵黄，防止冷休克发生。

（三）冷冻精液解冻后的液态保存

牛冷冻精液解冻后的液态保存，对无种畜、又缺少冷冻容器及其冷源的地区有特殊的实用性。

为延长冷冻精液解冻后的精子存活时间及其受精能力，国外有人通过提高牛冷冻精液的精子密度，于解冻后再稀释，经 4~8 h 保存后用于输精，每次输入 500 万精子数，其受胎效果正常。还有学者试验，利用 1.5% 二硫化丙基硫胺素（TPD）牛精液稀释液，保存解冻后的牛冷冻精液，经 24 h 后精子活率几乎没有降低。

我国的一些地区（如灵宝市）对牛颗粒冷冻精液解冻后的保存取得较好效果。取颗粒冷冻精液在 20~30 ℃下于解冻液（配方如下）中解冻（最佳解冻量为 1 mL），解冻后置于保温瓶内 4~6 ℃下保存或放入小地窖 13~15 ℃下保存。经

30~40 h 保存后输精，其受胎率可达 60%~73%。也有人使用鲜牛奶解冻液和柠－葡－E 解冻液（即柠檬酸钠 0.3 g，葡萄糖 5.0 g，EDTA 0.1 g，蒸馏水 100 mL），解冻后保存在 5~10 ℃中，经 24~48 h 后输精，发情期受胎率为 45%，这与常温保存的新鲜精液的受胎效果相近。

解冻液配方：蔗糖 1.15 g，碳酸氢钠 0.09 g，碳酸二氢钾 0.325 g，柠檬酸钠 1.7 g，氨苯磺胺 0.3 g，青霉素 10 万 IU，蒸馏水 100 mL。

（四）液态精液的运输

液态精液运输时应注意以下事项：

（1）运输的精液应有详细的说明书，标明站名、公畜品种和编号、采精日期、精液剂量、稀释液种类、稀释倍数、精子活率和密度等。

（2）包装应妥善严密，要有防水、防震衬垫。

（3）运输中维持温度恒定，切忌温度变化。

（4）运输中避免剧烈震动和碰撞。

二、精液的冷冻保存

（一）精液冷冻保存的原理

精液经过特殊处理后在超低温下形成玻璃化。玻璃化中的水分子能保持原来的无序状态，形成纯粹玻璃样的超微粒结晶，从而避免了原生质脱水和膜结构遭受破坏，使解冻后仍可恢复活力。在稀释液中添加的抗冻物质，如甘油、二甲基亚砜等物质能增强精子的抗冻能力，对防止冰晶发生起重要作用。甘油亲水性很强，它可在水结晶过程中限制和干扰水分子晶格的排列，降低了水形成结晶的温度。

（二）精液冷冻保存稀释液

（1）牛精液冷冻保存稀释液主要有卵黄－柠檬酸钠－甘油液、卵黄－糖类－甘油液、奶类－甘油液三种。

（2）猪精液冷冻保存稀释液一般采用以葡萄糖、乳糖、甘油为主要成分的稀释液。甘油浓度以 1%~3% 为宜。不少配方中加入乙二胺四乙酸（EDTA）有良好作用。

（3）马、绵羊精液冷冻保存稀释液一般采用糖类（葡萄糖、果糖、乳糖、棉籽糖、蔗糖）、乳类、卵黄、甘油为主要成分。

（4）鸡精液冷冻保存稀释液。

①颗粒精液冷冻保存稀释液。

甲液：5.7% 葡萄糖液 85 mL，卵黄 15 mL，甘油 5 mL。

乙液：5.7% 葡萄糖液 95 mL，甘油 5 mL。

将甲、乙两液混合，并加入青霉素（1 000 lU/mL）和链霉素（1 000 μg/mL）。

②细管精液冷冻保存稀释液（贝尔茨维尔家禽稀释液）柠檬酸钾 0.064 g，氯化镁（6H$_2$O）0.034 g，谷氨酸钠 0.867 g，醋酸钠（2H$_2$O）0.430 g，果糖 0.50 g，磷酸二氢钾 0.065 g，TES 0.195 g，磷酸氢二钾（3H$_2$O）1.27 g，蒸馏水 100 mL。

（三）精液冷冻技术

1. 精液的品质检验

将采集的新鲜精液置于 37~40 ℃下，迅速检验其精液品质。精子活率不得低于 0.7，精子密度要大，精子畸形率要低，以上三项指标均必须达到畜种的优质精液要求。马、驴、猪和羊的精液要做过滤或离心处理，猪精液要取浓份部分。

2. 精液稀释

冷冻前的精液要进行稀释处理，一般多采用一次或两次稀释法。

（1）一次稀释法按常规稀释精液的要求，将精液冷冻保存稀释液按比例一次加入，此稀释法操作简便，常用于制作颗粒冷冻精液，也适用于细管精液。

（2）两次稀释法两次稀释是为减少甘油对精子的有害作用，其冷冻效果好，但操作较为烦琐，常用于细管精液。第一次稀释用不含甘油的稀释液稀释至最终稀释倍数的一半，经 1 h 缓慢降温到 5 ℃（猪精液降至 15 ℃，维持 4 h，再从 15 ℃经 1 h 降至 5 ℃），然后再用含甘油的第二液在相同温度下做等量的第二次稀释。猪还有另一种稀释方法，就是将采出的富含精子的精液，直接放到保温瓶中，在室温下保持 2 h，离心后除去精清做第一次稀释后置于水浴中经 2 h 降温到 5 h，再做第二次稀释。精液稀释后精子活率不能有明显下降。

3. 降温与平衡

为使精子免受低温打击，稀释时要采用缓慢降温的处理方法。即从 30 ℃经 1~2 h 缓慢降至 5 ℃（猪精液一般经 1 h 由 30 ℃降至 15 ℃，维持 4 h，再经 1 h 降至 5 ℃）。一般将降温至 5 ℃的精液放入 5 ℃冰箱内平衡 1~2 h。猪的一次稀释法是在 8 ℃下平衡 3.5~6.0 h，如采用二次稀释法是在 15 ℃下平衡 4 h 或 5 ℃下平衡2h。平衡的目的是使精子有一个适应低温的过程，同时能使甘油充分渗透入精子体内，达到抗冻保护作用。鸡的精液一般经2h内降温至5℃后，加入4%的二甲基亚砜，再在5℃条件下平衡2h。

4.精液的分装和冻结

冷冻精液的分装一般采用颗粒法、细管法和袋装法三种形式。

（1）颗粒法。

是将平衡后的精液直接滴冻成0.1~0.2 mL颗粒。此法的优点是操作简便、容积小、成本低、便于贮存，但有易受污染、不便标记、不易识别的缺点，已逐步被细管精液代替。

（2）细管法。

多用0.25或0.5 mL的塑料细管，用精液分装机分装，用封口粉、塑料球或超声波封口，平衡后冻结。此法制作的冷冻精液不易污染，便于标记，容积小，易贮存，效果好，适于机械化生产，使用时解冻方便，但成本较高。

（3）袋装法。

猪、马的精液由于输精量大，可用塑料袋分装，但冷冻效果不理想。

鸡精液冷冻降温速率：5~-20℃为1℃/min，-20~-125℃为50℃/min，-125~-196℃为160℃/min。

山羊精液的冷冻有必要采用酒精和干冰取得如下冷冻速率：

从5~0℃，30 min；从0~-5℃，10 min（0.5℃/min）；从-5~-10℃，5 min（1℃/min）；从-10~-17℃，3 min（2℃/min）；从-17~-79℃，16 min（4℃/min）。然后转入液氮中保存。

5.解冻与输精

（1）解冻冷冻精液解冻的温度有三种：低温冰水解冻（0~5℃）、温水解冻（35~40℃）及高温水解冻（50~70℃）。畜牧生产中常用效果较好的温水解冻。但剂型不同，解冻方法也应有区别，细管或袋装精液可直接投入35~40℃温水中，注意精液融化一半时就应及时取出备用。颗粒精液有干解冻和湿解冻两种方法，干解冻是将灭菌的试管置于35~40℃水中恒温后，投入精液颗粒，摇动至融化，再加入1 mL20~30℃的解冻液。湿解冻法是将1 mL解冻液装入灭菌试管内，置于35~40℃温水中预热，然后投入1粒冻精，摇动至融化，取出备用。猪的颗粒精液一般按一个输精单位（几粒）解冻，温度以50~60℃为好。

（2）输精用于输精的冷冻精液，解冻后镜检活率不得低于 0.3，解冻后要及时输精。如需短时间保存必须注意：以冰水解冻；解冻后保持恒温；添加卵黄；可以用低温保存液做解冻液解冻。

6. 冷冻精液的保存与运输

冻结的精液经抽检合格后，按品种、编号、采精日期、型号标记，包装、转入液氮罐中贮存备用。为保证贮存器内的冷冻精液品质，不致使精子活率下降，在贮存和取用过程中必须注意以下事项：

（1）要定期添加液氮，不得使冻精的提筒暴露于液氮面外。

（2）从液氮罐取出冷冻精液时，提筒不得提出液氮罐外，可将提筒置于罐颈下部，用长柄镊子夹取细管（精液袋）。

（3）将冻精转移另一容器时，动作要迅速。贮精瓶在空气中暴露的时间不得超过 3 s。

第六节　输　精

一、输精前的准备

（一）输精器械的准备

各种输精用具在使用之前必须彻底洗涤，严格消毒，临用前用灭菌稀释液冲洗。玻璃或金属输精器可用蒸汽、75% 酒精或放入高温干燥箱内消毒；输精胶管不耐高温，可用酒精或蒸汽消毒；阴道开腹器及其他金属器材等用具，可用高温干燥消毒，也可浸泡在消毒液中，或利用酒精、火焰消毒。输精器在用前要用稀释液冲洗 2~3 次。输精枪以每头母畜准备一支为宜。

（二）精液准备

采集的新鲜精液，经稀释后必须进行品质评定，合乎标准的才能使用（活率要高于 0.7）；保存精液需要升温到 35 ℃左右，活率不得低于 0.6；冷冻精液解冻后活率不应低于 0.3，方可输精。

（三）母畜的准备

输精前先保定待输精母畜。牛通常是站立在输精架内输精；马、驴可在输精架内或用脚绊保定；母羊可保定在一个升高的输精架内或转盘式输精台上；母猪一般不需要保定，只在圈内就地站立输精。

（四）输精员准备

输精人员要穿工作服，手指甲要剪短磨光，手清洗擦干后以 75% 的酒精涂擦消毒，待完全挥发后再持输精器材。如需把手臂伸入阴道或直肠，手臂应按上面方法清洗消毒并涂以灭菌稀释液以便润滑，但注意，手消毒后不能接触任何未消毒物品。

二、输精要求

（一）输精量及其所含有效精子数

输精量及其所含有效精子数应根据母畜禽的年龄和生理状况及精液类型而定。对体型大、经产、产后配种和子宫松弛的母畜，应适当增加输精量；与正常配种母畜相比，经超数排卵处理后的母畜应增加输精次数和输精量；液态保存精液的输精量一般要大于冷冻精液的输精量，冷冻精液中颗粒冷冻精液的输精量比细管冷冻精液的要大。蛋用型母鸡盛产期，每次输入原精液 0.025 mL，产蛋中、末期输以原精液 0.05 mL；肉用型母鸡每次输入 0.03 mL 原精液，中、末期则输以 0.05~0.06 mL；鸭、鹅的一次输精量为 0.05~0.08 mL；火鸡的一次输精量 0.025 mL。第一次输精量要加倍。鸡一次输精的有效精子数应不少于 1 亿；火鸡一次输精的有效精子数为 1.5 亿 ~2 亿；鸭的一次输精的有效精子数应在 0.8 亿 ~1 亿；鹅的一次输精的有效精子数应在 0.7 亿 ~1 亿。

（二）适宜输精时间

适宜输精时间是根据排卵时间和进入母畜生殖道内精子获能并保持受精能力的时间来决定。通常以发情鉴定的结果来确定适宜输精时间，但应以接近排卵时刻为宜。奶牛是在发情后 10~20 h，生产上一般采取早晨发情，晚上配；晚上发情，次日早晨配的方法。水牛是在发情后的第二天配种为宜。母马常采用发情第 2~3 d 配种，隔日再输精一次的方法。母猪是在接受"压背"试验，或接受公猪爬跨时输精，隔日再输精一次。母羊可根据试情制度来确定输精时间，如每日试情一次，发情当天和过半日各输精一次；如每天早、晚各试情一次，可在发情半天后输精一次，间隔半天再输精一次。母兔是诱发排卵动物，应在诱发排卵处理后 2~6 h 内输精。鸡的输精时间以下午 4~5 点为宜；火鸡的输精时间以下午 3~4 点较为合适；鸭一般在夜间或清晨产蛋，应在上午输精；鹅的输精一般也在下午进行。

（三）输精次数和间隔时间

输精次数和间隔时间应视输精时间和母畜禽排卵时间的距离来定。生产中常用外部观察法鉴定发情，很难确定排卵时间，为提高受胎率，往往采用一个情期两次输精的方法，两次间隔时间为 8~10 h（猪为 12~18 h）。马、驴如采用直肠触摸确定排卵时间，输精一次即可，如采用试情法和观察法就需要增加输精次数，其间隔时间为 1~2 d。不论何种家畜，增加人工授精次数并不能提高受胎率。禽类输精间隔时间，鸡 4~5 d，火鸡 10~12 d，鸭 5~7 d，鹅 5~6 d。

（四）输精部位

输精部位也应因动物种类不同而异。牛常采用子宫颈深部输精；马、驴采用子宫内输精；山羊、绵羊采用子宫颈浅部输精；禽类一般采用插入阴道输精。

三、各种动物的输精方法

（一）牛的输精方法

牛的输精可采用开膣器法和直肠把握法，但开膣器法输精部位浅，受胎率低，生产中已很少使用。

直肠把握输精操作方法：将牛尾系在直肠把握手臂的同侧，露出肛门和阴门。输精员一只手臂戴上长臂乳胶或塑料薄膜手套伸入直肠内，排除宿粪后，先握子宫颈后端；另一只手持输精器插入阴道，先向上再向前，输精器前端伸至宫颈外口，两只手协同动作使输精器绕过子宫颈螺旋皱褶，输精器前端到达子宫颈口时停止插入，将精液缓缓输入此处。抽出输精管后，用手顺势对子宫角按摩 1~2 次，但不要挤压子宫角。此法用具简单，操作安全，母牛无痛感，初配母牛也适用，输精部位较深，受胎率较高。此外，还可做妊娠检查，避免误配而造成流产，目前被各地广泛采用。

（二）猪的输精方法

母猪的输精采用输精管插入法。先将输精管涂以少许稀释液增加润滑度，输精时一手把阴唇分开，将输精管插入阴道，先稍向上再水平，边插入边逆时针旋转，经抽送 2~3 次，直至不能前进为止。此时输精管一般已进入子宫体内，然后向外拉出一点，再注入精液。在国外，猪的一次输精头份一般是 80~90 mL，我国一般为 15~30 mL。给猪输精时一定要缓慢进行，其时间为 3~5 min，完毕后慢慢抽出输精管，并用手捏母猪的腰部，防止精液倒流。若发生精液倒流现象，应及时补输精液，以保证受胎率。

（三）马、驴的输精方法

一般采用胶管导入法。输精人员左手持注射器，右手握胶管，把管尖端隐于手掌中，缓缓伸入阴道内，当手指触到子宫颈外口时，以食指插入颈口内将输精胶管前端缓慢导入子宫颈腔内 10~15 cm（驴 8~12 cm）深处。左手抬高注射器将 15~30 mL 精液自然流下或轻轻压入，精液流尽后，缓缓抽出输精管。右手在阴道内捏住子宫颈外口，向前推送 2~3 次，以刺激子宫收缩，防止精液倒流。

（四）羊的输精方法

一般采用开腟器法。借助光源，寻找子宫颈口（一般靠右侧），先用输精管前端拨开子宫颈外口的上下两片或三片皱壁，再将输精管插入子宫颈外口内 1~2 cm，再注入精液。绵羊每次输精量为 0.2~0.5 mL，山羊精液的精子浓度比绵羊的高，一般认为输精量要少（0.25 mL）。为操作方便，可在输精架后挖一凹坑。简易输精架也可设计成门形，输精时将羊两后肢架于输精架上，呈前高后低姿势，也便于输精。对于初配母羊，用小型开腹器也难以开张阴道时，可用输精管直接插入阴道深部输精，注意要增加注入的精液量，以保证受胎率。目前采用腹腔镜进行子宫角输精，可以大大提高受胎率。但腹腔镜价格较高，操作比开腟器法复杂，使其在我国养羊生产中的应用受到很大限制。

（五）兔的输精方法

给母兔输精多采用直接插入法，即先将母兔实行仰卧保定，将输精管沿背线缓缓旋转插入阴道内 7~10 cm 子宫颈口位置，再轻轻注入精液。输精后将母兔后躯抬高片刻，防止精液逆流。

（六）犬的输精方法

一般多采用直接插入法输精，有的也采用长塑料筒扩张阴道的开腔器法。输精前由畜主将犬戴上口笼并扶持在适当高度的台上站立，以徒手保定。输精人员手持输精管，插入阴门以水平方向伸至阴道深部即子宫颈外口附近（经产母犬有的可经子宫颈伸至子宫体内），徐徐注入精液。输精后立即抬高母犬后躯，同时以食指戴上灭菌的指套伸入阴道内停留 5 min，模拟自然交配的"栓结"作用，有利于防止精液倒流。

（七）禽类的输精方法

一般采用阴道输精法。

1. 鸡的输精方法

输精时由助手抓住母鸡双翅基部提起，使母鸡头部朝向前下方，泄殖腔朝上，右手在母鸡腹部柔软部位向头背部方向稍施压力，泄殖腔即可翻开露出输卵管开口，然后转向输精人员，输精人员将输精管插入输卵管即可输精。

对笼养鸡可以不拉出笼外，输精时助手右手伸入笼内以食指放于鸡两腿之间握住鸡的两腿基部将尾部、双腿拉出笼门，使鸡的胸部紧贴笼门下缘，左手拇指和食指放在鸡泄殖腔上、下方，按压泄殖腔，同时右手在鸡腹部稍施压力即可使输卵管口翻出，输精者即可输精。输精管插入深度：轻型蛋鸡为 1~2 cm，中型蛋鸡和肉鸡以 2~3 cm 为宜。

2. 鹅、鸭和火鸡的输精方法

助手将母禽固定于输精台上（50~60 cm），使其尾部稍抬起，输精员用左手掌将母禽尾巴压向一边，并用拇指按压泄殖腔下缘使其张开，右手以拿毛笔式手法持输精管上部。输精管插入泄殖腔后就向左方插进便可插入输卵管口，此时，左手大拇指放松并稳住输精管，再输入精液。输精后应观察抽出的输精管前段外壁，若附着有粪便残渣，说明输精管插入的部位不当，送精液不到位，为此应另行换灭菌的输精管，重新输精。输精管插入深度：鸭 4~6 cm，鹅 5~7 cm，火鸡 3~4 cm。

（八）鹿的输精方法

多采用牛的开腔器输精法，而对大型马鹿可采用直肠把握子宫颈输精法。鹿的保定较其他家畜困难，一般多采用锯鹿茸的吊圈，使其四肢悬空，体躯被挟持保定呈站立姿势。对于驯养良好不怕人的梅花鹿，可在小圈内由饲养员抱住鹿的颈部实行站立保定。而驯养良好的马鹿可戴上笼头，拴系或牵拉站立保定后输精。

四、影响人工授精受胎率的主要因素

（一）精液品质

种公畜精液品质好坏主要反映在精子活率和受精能力上，与其饲养管理水平和配种制度有很大关系。因此，对人工授精的精液要进行严格的品质鉴定，不合格的精液要坚决淘汰，同时要调整采精频率和营养水平，以保证精液品质；此外还要通过受胎率来考查精液品质，如受胎率偏低，要适当加大输精量。

（二）输精时间

掌握适时输精是提高受胎率的重要环节。要做到适时输精，关键是要做好发情鉴定，准确判定母畜的排卵时间。此外，母畜正常的发情排卵和明显的发情表现对提高受胎率有益。

（三）输精技术

输精人员的技术水平高低直接反映在受胎率上。操作时动作要轻稳，在抽出输精管之前，不要松开输精管的皮头，以免输入的精液又被吸回管内。要严格遵守卫生消毒制度和操作程序，以减少生殖道感染，提高受胎率。

（四）母畜的营养

母畜营养不均衡或缺乏营养，特别是锌、硒等矿物质元素和维生素 A、维生素 E 等对母畜繁殖活动起重要作用的营养素缺乏，均会使受胎率明显下降，严重时可造成胚胎早期死亡或流产。只有全年供给母畜均衡的营养，才能保证和提高受胎率。

（五）母畜的生殖道状况

生殖道损伤（如难产等）及生殖道感染（如子宫内膜炎等）均严重影响母畜的受胎率，应给予足够的重视。此外，管理、环境等其他因素也会影响人工授精的受胎率。

五、人工授精及冷冻精液技术需解决的问题

（一）建立和完善精液库

我国的动物品种资源极为丰富，仅畜禽品种就有 260 余种。长期以来，动物品种资源不断迅速下降，有的已经濒临灭绝。收集有种用价值的和濒危动物的精液，将其长期保存起来建立精液库，以冷冻精液的形式保存和抢救这些品种资源有重要意义。

（二）普及和研究各种动物的人工授精和冷冻精液技术

目前，虽然主要家畜（禽）人工授精技术问题已经解决或基本解决，但除牛的人工授精和冷冻精液技术普及率较高之外，其他畜禽的人工授精和冷冻精液技术普及率还比较低，特别是已列入国家保护的各种濒危野生动物的人工授精和冷冻精液技术的研究和应用还在研究进步。因而要加强除牛之外其他动物的人工授精和冷冻精液技术的研究和推广应用工作，以充分发挥人工授精和冷冻精液技术在提高动物繁殖效率和保护濒危动物方面的作用。

（三）冷冻精液的生产和使用应规范化

我国牛的冷冻精液已颁布国家标准，应及时地制定其他畜禽冷冻精液生产的国家标准，并加强监管力度，在满足市场需要的同时，保证精液质量。

（四）加强有关精液冷冻的基础研究

为了进一步提高冷冻精液质量，今后应加强精子细胞低温生物学、精液冷冻生产工艺、标准和检疫等方面的研究工作，以全面地推动我国动物冷冻精液的研究和推广应用。

第九章 发情、排卵及分娩调控

第一节 诱发发情

诱发发情，即诱导发情，指在母畜乏情期内，人为地应用外源激素（如促性腺激素、溶黄体激素）和某些生理活性物质（如初乳）及环境条件的刺激等方法，促使母畜的卵巢机能由静止状态转变为性机能活跃状态，从而使母畜恢复正常的发情、排卵，并可进行配种的一项繁殖调控技术。

诱发发情技术可以打破多数品种的季节性繁殖规律，控制母畜的发情时间、缩短繁殖周期、增加胎次和产仔数，使其年产后代增多，从而提高繁殖力；它还可以调整母畜的产仔季节，使以产奶为主的家畜在一年内均衡供奶，肉畜按计划出栏，按市场需求供应畜产品，从而提高经济效益。因诱发发情可使母畜在任何季节发情，故可根据母畜生长状况，确定适宜的配种计划，避免因配种措施不当而引起的不良后果，便于实施有计划的动物生产目标，提高母畜的繁殖力。

一、动物乏情的种类及解决方案

母畜在进入初情之后，会因季节因素、哺乳因素及一些病理因素等，从而导致卵巢机能处于相对静止状态，母畜无周期性的功能活动，表现为不发情，即乏情。季节性乏情和哺乳性乏情属于生理性乏情，它是因垂体分泌的 FSH 和 LH 量少，以至于不足以维持卵泡发育和成熟卵泡的排卵，因此卵巢上既无卵泡发育，也无黄体存在。若卵巢上的周期黄体长期存在而不消退，即为持久黄体，它会抑制母畜的正常发情，这种现象属于病理性乏情，它与生理性乏情的机能不同。

（一）季节性乏情及处理方法

季节性乏情是指季节性发情动物在非发情季节无发情周期，卵巢和生殖道处于静止状态的现象，其时间因畜种、品种、环境而异。如绵羊、马比牛和猪明显。马为长日照动物，因此多于冬春季乏情，此时卵巢小而硬，无卵泡和黄体；血清中的LH、黄体酮和雌二醇的含量很低。绵羊的乏情多发于夏季。

针对此类乏情动物，拟采取的措施主要有以下三种。

1. 生殖激素处理法

生殖激素处理法就是指在非发情季节用生殖激素对处于乏情期的动物进行处理，诱发其发情的处理方法。用于动物发情的外源促性腺激素有FSH、LH、PMSG和HCG，其中PMSG和FSH属于糖蛋白，生物活性相似，FSH可促进卵泡生长、发育，PMSG还可促进排卵。HCG和LH主要刺激排卵，促进黄体形成。促性腺激素主要作用于性腺，使其分泌相应的激素，从而诱导处于乏情期的母畜发情。有学者采用PMSG（400 IU）和HCG（200 IU）混合物诱导乏情母猪，发情率达94%。张一玲等（1992）将PMSG与P4相结合，对非繁殖季节的奶山羊进行处理，诱发发情率为90%以上。若用PMSG复合制剂和HCG处理杂种经产猪产后乏情，5 d内诱导发情率近100%，情期受胎率为75%（刘瑞祥等，1993）。孕激素主要来源于黄体和胎盘，可控制促性腺激素的分泌，内、外源性黄体酮均可抑制LH释放，停药后血浆LH水平逐渐升高，导致LH排卵峰的出现。用黄体酮阴道释放装置处理肉牛14 d，50%肉牛出现发情；处理奶牛12 d，发情率为75%。对季节性乏情的绵羊和山羊，也可先用孕激素处理6~9 d，停药前48 h注射PMSG（每千克体重15 IU），可使其同期发情率达95%以上，第一情期受胎率达70%左右。母马在非发情季节可连续10~15 d注射雌激素（5~10 mg），在一定程度上可使发情周期恢复。

2. 改变光照期法

光照期的长短是影响动物发情的另一个重要因素。对于长日照动物，其发情开始时间在光照变长之时，而短日照动物的发情则始于日照变短时。羊属于短日照动物，因此在日照变短时开始表现发情，而长日照的夏季则是母羊的乏情季节，在此期间可人工缩短光照时间，一般每日光照8 h，连续处理7~10周，母羊即可发情。若为舍饲羊，每天提供12~14 h的人工光照，持续60 d，然后将光照时间突然减少，50~70 d 后就有大量的母羊开始发情。而母马属长日照动物，在其乏情季节内，人为地延长光照时间，可促进卵巢机能的提前恢复。

3. 公羊效应

在发情季节到来之前，在公、母羊分群饲养的母羊群中引入公羊，能刺激母羊并诱导其发情提前（此种效应为"公羊效应"）。若将此方法用在猪、牛等动物上，则可称为"公猪效应，"公牛效应"等。杉山长美（1984）报道，两性动物所具有的臊味与繁殖有关，"公羊效应"的实质是引入母羊群中的公羊释放的外激素作用于母羊的感觉器官，后者将所产生的反应经神经系统作用于下丘脑—垂体—性腺轴，从而引起排卵。此效应产生的基本条件是公母畜的隔离时间和隔离程度，公母畜只有隔离一段时间后，"公畜效应"才能得以充分地发挥，母畜才能得到刺激产生排卵反应，否则就不能出现排卵。有报道称，在季节性乏情的后期，将 2 只试情成年公羊引入母羊群中，结果 94%（16/17）以上的母羊在 5.5 d ± 1.3 d 发情；而对照组的母羊没有发情表现，但在引入公羊后，在 7.0 d ± 1.5 d 有 88%（15/17）的母羊有发情表现。李远超等（1995）报道，将萨能公羊引入母羊群中 80 min，80% 的母羊发生反应，LH 水平比引入公羊前有所增加，引入 3 d 时，90% 以上的母羊有发情表现并能排卵。

（二）生理性乏情及处理方法

1. 泌乳性乏情

有些动物（特别是猪，太湖猪除外）在产后的泌乳期间，因促乳素抑制促性腺激素的分泌，卵巢功能受到抑制，也不出现发情。各种家畜泌乳期间是否发情及出现发情的时间与卵巢功能的特点和新生仔畜是否吮乳有关。泌乳乏情出现和持续的时间因畜种、品种不同而有很大差异。猪一般于仔猪断奶后发情，牛产后发情并伴有排卵的时间因挤乳或哺乳的方法不同而有差异，挤乳牛于产后 30~70 d 可发情，而哺乳牛（肉用牛和我国黄牛）常需每天多次挤乳，比每天两次挤乳的牛出现发情的时间要晚些，因为多次刺激，促乳素占优势所致。绵羊的发情周期的恢复多于羔羊断乳后约两周。母马于产驹后 5~15 d 开始出现发情，哺乳对其影响并不明显。

对于泌乳性乏情的动物，采取的措施因动物种类不同而异，一般牛、羊等使用激素进行处理，猪则常采取早期断乳法。如母牛可在产后 2 周开始用孕激素预处理 10 d，然后注射 PMSG 1 000 IU，即可诱发母牛发情；也可注射初乳，同时注射新斯的明 10 mg，发情者于配种时再注射 LRH 10 μg，可使 80%~90% 的牛发情、排卵。羊也可采用早期断奶法，一般对 1 年产 2 胎的母羊，在羔羊出生后 0.5~1.0 月龄断奶；2 年 3 产的母羊，羔羊生后 2.5~3.0 月龄断奶；3 年 5 产的母羊，羔羊出生后 1.5~2.0 月龄断奶。对哺乳母猪可采取早期断奶的方法，若同时注射 PMSG，则发情效果会更好。若在哺乳期内进行部分断奶，即从哺乳第 21 天起，每日哺乳 12 h，3 d 后注射 PMSG，可使母猪在哺乳期内发情、排卵。实施早期断奶，可使母猪的繁殖间隔缩短，达到年产 2.5 胎。但断奶时间越早，断奶与发情之间所间隔的时间越长。对产后不发情的母猪也可用激素处理，促其发情。如一次肌肉注射 3~4 mL 三合激素，一般 2~4 d 有 97% 以上的母猪发情，其中有 60%~70% 可以受胎，如发情配种未受胎的则 21 d 便可自然发情，若在母猪配种前 30 min 每头母猪肌肉注射 LRH-A 240 μg，可提高产仔数 37%。也可注射 PMSG 或 HCG 对断奶后久不发情的母猪，每头注射 PMSG 250~1 000 IU，HCG 500 IU，10 d 将有 80% 以上的母猪发情，其中有 90% 可以受胎。对于因泌乳而处于乏情期的母羊，可在其皮下埋植 18- 甲基炔诺酮药管，持续 9 d，取前 48 h 注射 PMSG，同时注射两次溴隐亭（间隔 12 h），发情时注射 LRH 并配种，可使诱发发情率达到 90% 以上。

2. 妊娠期乏情

雌性动物在妊娠期间因卵巢上存在妊娠黄体，可以分泌黄体酮，抑制发情，这是保证胚胎正常发育的生理现象。

3. 衰老性乏情

动物生存到一定年限后因衰老而乏情。其原因可能由卵巢机能发生障碍，此障碍是由于下丘脑—垂体—卵巢轴功能关系的改变，而致促性腺激素的分泌量减少或卵巢对这些激素的反应变化所致。

（三）病理性乏情及处理方法

病理性乏情主要是由卵巢机能衰退和持久黄体引起。前者多发生于营养不良、管理不善和使役过度的母畜，如高产奶牛。日粮品质的高低对卵巢活动有显著的影响，因为营养不良会抑制发情，青年母畜比成年母畜更严重。矿物质和维生素缺乏会引起乏情。放牧的牛和羊因缺磷会引起卵巢机能失调，从而致初情期延迟，发情症状不明显，最后停止发情。小猪和牛因喂缺锌饲料会造成卵巢机能障碍，发情不明显或不发情。缺维生素 E 和维生素 A 会引起发情周期不规律或不发情。持久黄体则主要是由子宫疾病引起内分泌紊乱所致。此外应激也可造成动物乏情，如使役过度，畜舍卫生条件太差，运输等管理上的错误引起。

对因管理不善、营养不良、使役过度的母畜或高产奶牛，可使用 PMSG 或 FSH 等促性腺激素诱导母畜发情。而对于由子宫疾患造成内分泌紊乱，可用前列腺素等药物溶解持久黄体，停止孕激素的分泌，以促使卵泡发育。

二、催产素诱发发情技术

（一）催产素（OT）对卵巢的生理作用

催产素由垂体后叶分泌，其靶器官是子宫平滑肌、小动脉，对分娩和泌乳起主要作用，而卵巢催产素则可能是发情周期的调节剂。离体试验证明：小剂量催产素具有促黄体作用，大剂量催产素则有溶解黄体的作用。活体实验的结果证明：在发情周期早期，给牛、羊连续注射大剂量的催产素，能抑制黄体的形成，若用催产素进行免疫则能使发情周期延长。此外，给发情早期的青年母牛注射催产素，能促进其排卵，这一研究结果暗示催产素可能有促进 LH 释放的作用。

（二）催产素诱发发情的机制

催产素诱导情的作用是通过溶解黄体来实现的。目前关于催产素诱发发情的机制主要有三种。

1. 内源性催产素

溶解黄体的假说母畜在黄体周期的末期，因黄体酮对子宫的抑制作用降低，6-B- 雌二醇刺激子宫内膜形成催产素受体，这一受体被内源性催产素所激活并与催产素相结合。催产素及其受体结合后，子宫迅速释放 $PGF2\alpha$，使 $PGF2\alpha$ 代谢物在外周血中的水平也相应升高。$PGF2\alpha$ 局部运输到卵巢，引起黄体分泌的黄体酮量下降，且在 $PGF2\alpha$ 的作用下，催产素与其运载蛋白同时从黄体中释放出来，催产素能加强子宫 $PGF2\alpha$ 的分泌，从而构成子宫 - 卵巢的反馈回路。黄体释放的催产素可能降低催产素受体的活性，因此其受体每隔 6 h 更新一次，随后由子宫内膜持续 1 h 释放 $PGF2\alpha$，后者在一日内多次释放，最终将黄体溶解。

2. 外源性催产素

溶解黄体的假说外源性催产素溶解黄体的可能机制：催产素通过刺激子宫内膜产生 $PGF2\alpha$，从而间接地将黄体溶解。有实验表明，在发情周期早期，对子宫正常的牛、绵羊和山羊连续给予大剂量的外源催产素可使发情周期变短，但给切除子宫的母牛或口服 PG 合成酶抑制剂（如甲氯芬那酸）的山羊注射催产素则不能缩短发情周期。山羊于注射催产素后 30 min，外周血浆中 PG 的代谢产物出现突发性分泌波峰，但每次注射催产素前，口服 500 mg 甲氯芬那酸的山羊则无此分泌规律，其 PG 代谢产物的基础水平极显著低于前者的水平。

3. 催产素局部溶解黄体的假说

通过离体培养试验，将牛和妇女的黄体细胞进行培养，结果发现，在培养液中添加 4~40 mIU/mL 的催产素可增加黄体酮的分泌，当添加剂量达到 400~800 mIU/mL 时，则明显抑制黄体酮的分泌，但对黄体细胞的数量和活力均无影响。这一研究结果表明：小剂量催产素有促黄体作用，大剂量催产素可能作用于细胞生物合成的水平，有直接溶解黄体的可能性。

（三）催产素诱发发情的方法

根据催产素的促黄体作用，Hansel 等首先将其用于诱导青年母牛的发情，在发情周期的第 3~6 天，每日皮下注射催产素 100 IU，处理结果表明，发情周期缩短 9 d；用催产素处理成年泌乳牛，于发情周期的前 6 d，每天注射催产素（200 IU）两次，结果 66.7%（8/12）的牛的发情周期缩短 13.8 d。1979 年，Cooke 等将催产素用于山羊的诱导发情，采用皮下注射法，每天注射两次（50 IU），可使发情周期缩短。催产素用于水牛产后发情的诱导，能显著提早产后第一次发情时间，缩短产犊间隔。在交配期外，催产素与 PGF2α 结合使用较 PGF2α 单独使用效果好，主要是因为子宫肌层收缩功能增强。

三、褪黑素诱发发情技术

褪黑素（Melatonin，MLT）是由松果体所分泌的一种激素，其前体是 5- 羟色胺（5-HT），它的合成与分泌呈规律性波动，表现为白天分泌减少，而夜间分泌增加。褪黑素在自然界分布极为广泛，不仅脊椎动物（哺乳类、鸟类、两栖类、爬行类和鱼类）的松果体及其以外的组织中存在，它还存在于无脊椎动物，如果蝇、蝗虫、虾等。最近的研究表明，它在玉米、百合、苹果和萝卜等高等植物和低等藻类也存在。

（一）MLT 的生物合成、分泌与调节

MLT 的化学结构为 5- 甲氧基 -N- 乙酰色胺，除了由松果体分泌外，它也可由其他的一些组织，如视网膜、副泪腺、唾液腺、肠嗜铬细胞及红细胞等合成，但在生理状态下，哺乳动物和鸟类血中 MLT 主要来源于松果体。其合成过程为：色氨酸在色氨酸羟化酶（TPH）的作用下转变为 5- 羟色氨酸，后者经 5- 羟色氨酸脱羧酶（5-HTPDC）催化为 5- 羟色胺（5-HT），在 N- 乙酰转移酶（NAT）作用下转变为 N- 乙酰 -5- 羟色胺，又在羟基吲哚氧位甲基转移酶（HIOMT）作用下转变成褪黑激素。

MLT 经松果体及其他组织合成后分泌进入血液，并经脉络膜进入脑脊液。在哺乳类动物，血中 MLT 浓度呈昼夜节律性变化，表现为夜晚达到峰值而白天降至谷值，这种规律性波动与环境的光照条件十分相关。此外，血中及尿中 MLT 的代谢产物也随季节而变，这种变化与光的密切相关性表明，MLT 在体内起着将外界光信号的信息传向体内有关组织及器官，使它们的功能活动适应外界的改变。关于环境光信号传向松果体，进而调节其功能活动的途径主要有视网膜—松果体神经通路，该通路包括视网膜、视神经、视交叉、视交叉上核、下丘脑、前脑内侧束、胸髓中间外侧细胞柱、颈上神经节。也有研究表明，还存在其他一些脑组织作用的途径。所有这些神经组织在调节松果体 MLT 节律方面的重要性有待进一步研究。另外还发现人的松果体 MLT 的分泌量还与年龄有关，其分泌量随年龄的增加而递减，这表明 MLT 可能与发育及衰老过程有关。

（二）褪黑素受体的种类、分布及变化

在系统发育的过程中，低等脊椎动物通常在脑区内分布有广泛的褪黑素结合位点，但高等脊椎动物脑区则呈减少趋势。目前的观点认为，松果体褪黑素通过与。蛋白相偶联的特异性受体对靶组织产生生理作用。

根据褪黑素动力学特征和药理学特性，膜上褪黑素受体可分为 MEL1 和 MEL2 两种，其中 MEL1 又包含 MEL1a、MEL1b、MEL1c 三种，这三种受体亚型的基因结构相似，编译受体蛋白质部分都由两个外显子组成，并可在哺乳动物的细胞内表达，具有相似的结合特性。现已从哺乳动物体内克隆出的受体亚型有 MEL1a 和 MEL1b 在绵羊的垂体结节部也有 MEL1a 存在，但没有 MEL1b 的转录产物产生，目前也并未从哺乳动物细胞中检测到 MEL1c 受体的 mRNA 存在。

　　某些哺乳动物的褪黑素可通过作用于下丘脑视交叉上核，调节 LHRH 神经元的活动，然而在绵羊的该部位却没有检测褪黑素受体。有报道称，通过放射自显影测定绵羊的脾、甲状旁腺、卵巢、子宫、骨骼肌、肝、肾上腺、皮肤等外周组织，结果发现只有肾上腺皮质和脾上有特异性结合位点。母羊怀孕 30 d 时，胎羊的甲状腺也有褪黑素结合位点存在，但在成羊中则消失。由此可见，褪黑激素对甲状腺的作用可能与个体的发育有关。有研究表明，褪黑素受体可能位于哺乳动物多种组织的细胞核中，它可与褪黑素结合并被活化。

　　目前关于褪黑素受体调节的分子机制还不清楚，但其受体数量的变化具有一定的规律性能，即褪黑素受体数量呈日周期性变化，但与血液中的褪黑素浓度变化呈负相关。一般夜间血清的褪黑素水平较高，可下调褪黑素结合位点，而白天褪黑素的分泌活动停止或降低，结合位点数量又恢复。有报道称，绵羊的垂体结节部中褪黑素受体量呈日周期性节律变化，峰值出现于白天与夜晚交替之时，而最低值则发生于夜间结束时，日中值和午夜值处于中间水平，亲和力不存在显著性日变化。

（三）褪黑素的生理功能

1. 对生殖系统的作用

　　MLT 的重要作用之一就是对生殖系统起调节作用。据报道，MLT 对生殖系统功能的影响因动物种类、生理状况不同，从而表现出促进、抑制或无作用的多重性。大量的研究已表明：在牛、鼠类、禽类等动物和人，MLT 对生殖系统有抑制作用，但对绵羊、鹿等动物 MLT 表现为促进作用，而对那些对光不敏感的动物则无作用。

　　正因为褪黑素对绵羊、鹿的生殖系统表现促进作用，所以提供外源 MLT 或使黑暗时间增长两个月左右，能使羔羊的性成熟提前约 5 周，成年绵羊的繁殖季节提前 5 周左右，且能提高血浆黄体酮和 LH 水平，同时降低 PRL 水平。处理时间的选择对结果影响很大，因为羔羊或成年羊的性轴系对 MLT 建立敏感性前须先经历一段时间的长日照。而对禽类的研究表明，短光照（8 h/d）对其性腺发育有抑制作用，水禽的性腺则只有在长日照下才能充分发育。Morri 报道，小鸡在孵出后日光照时间为 6 h 者的开产日期比光照 14 h 的迟 9 d。切除松果体后，使用外源 MLT 可使血浆 PRL 水平下降 QMLT 对生殖系统的抑制作用表现为：注射外源 MLT 后能引起性腺及副性器官的重量减轻，降低子宫和卵巢组织中的 DNA

含量，延缓未成年动物的性成熟及抑制成年动物的自发排卵。Feris 实验表明，外源 MLT 可使仓鼠血浆 LH 和 FSH 水平及睾丸重量下降，而提高血浆 LHRH 的水平。MLT 直接作用于垂体，如它可直接抑制低温分离的仓鼠垂体前叶 FSH 和 LH 的释放。目前的研究表明，下丘脑可能是 MLT 作用的主要部位，在鼠下丘脑中央基部，MLT 明显抑制 $PGF2\alpha$、PGE2 等的分泌。因此 MLT 是通过下丘脑—垂体—性腺轴而起作用的。

可见，MLT 对生殖机能的调节主要通过光刺激视网膜，经视网膜—下视丘到达视交叉上核，再经一系列复杂的神经交换，经颈上神经节节后交感神经作用于松果体，后者分泌 MLT 通过下丘脑—S 体—性腺轴，从而影响动物的生殖状态。

2.MLT 的免疫调节作用

在任何光照条件下，MLT 均能与脾细胞表面高亲和力的受体结合，从而直接影响脾细胞增生，进而增强免疫功能。MLT 能使免疫系统产生抗体，提高抗体对抗原的敏感性，增强免疫因子的活性和数量，促进 T、B 淋巴细胞的增殖，增强 NK 的细胞毒性。注射 MLT 可使胸腺增生、脾脏重量增加。

3. 镇静作用

许多研究表明，MLT 是内分泌的同步器，可调节内分泌功能，将内源性生物节律周期、位相高速到与环境周期同步，即有催眠、镇痛、调节睡眠－觉醒周期、改善时差反应。生理性的 MLT 浓度升高是睡眠的促发因子，外源性慢性提供 MLT 可以调节睡眠节律，急性供给 MLT 可观察到直接的催眠效果。此外，它还能缓解因乘飞机长途旅行所引起的时差反应和日夜颠倒引起的睡眠失调，用量适当可改善健康成人的睡眠状况。MLT 影响睡眠是通过对神经内分泌系统、神经递质及其受体、视交叉上核、体温及神经免疫网络的作用参与睡眠调节。有资料报道，MLT 可显著提高动物痛阈，但可被纳洛酮所拮抗，小鼠的基础痛阈和阿片类药物的镇痛效应均呈昼夜节律，切除松果体会使其昼夜节律显著减弱，说明 MLT 具有镇痛作用。

4. 抗氧化作用

研究表明，MLT 属非酶类抗氧化物质，能有效地清除生物体化学反应过程中所产生的自由基。Reiter 等报道，MLT 中和羟自由基的能力是谷胱甘肽（GSH）的 5 倍，甘露醇的 8 倍。羟自由基是机体所产生的自由基中毒性最强的一种，能中和此自由基的物质在抗氧化防御系统中也起一定作用。有研究证实，MLT 也能中和过氧化自由基，其强度是维生素 E 的 2 倍，是已知的作用最强的自由基清除剂。它还能有效地减轻自由基对蛋白质的氧化损害。在给新生大鼠注射 GSH 合成抑制物质丁酚胺硫酸盐制剂的同时注射 MLT，可使白内障的发生率大幅度下降到 7%。此外，MLT 还有抗脂质过氧化作用，减轻细胞内毒素脂多糖引起的器官损伤，抑制一氧化氮合成酶的作用等。

导致人体衰老的主要因素之一是体内产生的自由基，过量的自由基可破坏细胞内生物大分子，如蛋白质、核酸等，从而引起细胞死亡。MLT 通过直接或间接作用保护细胞免受氧化剂的损伤，防止神经元蛋白合成发生误差，阻止神经元纤维的形成，延缓衰老。MLT 的抗氧化途径有两条，即一是直接与自由基结合，阻止自由基氧化的连锁反应；二是减少自由基的产生。

（四）褪黑素诱发发情的原理

褪黑素是由松果体所分泌的一种吲哚类激素，其分泌量的多少与光照期有关，并呈现一定的规律性。视网膜可将感受到的光信号转变成神经冲动，依次经由上交叉神经核和颈上神经节到达松果体，松果体对此信号做出相应的反应，从而分泌或停止分泌褪黑素。可见，光照是调节松果体活动的最基本的因素。光照抑制松果体分泌褪黑素的活动，黑暗则能刺激其分泌活动。随着昼夜的交替和长短日照的交替，褪黑素的分泌呈现明显的周期性变化。对短日照动物来说，白天血浆中褪黑素水平低，而晚上的水平则高；长日照期间褪黑素的分泌减少而短日照期间则增多。褪黑素分泌水平的高低使动物能够区分昼夜，其分泌持续时间的长短则能使动物区分日照的长短。若长期处于光照长度恒定的环境中，动物就会渐渐变的对此光照长度的反应迟钝，最终会导致各种与光照长度有关的反应停止。如羊长期处于长日照环境中，最终可进入繁殖季节；相反，若长期处于短日照环境，则将导致繁殖活动停止，最终进入非繁殖季节。可见，光照长度的不断变化是使动物保持对其敏感的一个重要条件。松果体在黑暗期间以每 2 min 一次的脉冲频率分泌褪黑素，明暗交替与血浆褪黑素高低间的时差约为 15 min。每天仅照 1 h 就可以形成以 24 h 为周期的褪黑素节律。在短日照期间，如果羊在夜间接受 1 h 光照，这种干扰可使褪黑素降低到白天水平，从而导致卵巢静止。这样，每次黑暗期间都被动物反映成一个夜晚，夜间光照干扰产生了长日照的效果。

（五）褪黑素诱发发情的方法

光照长度直接影响褪黑素分泌量的多少，而后者又可影响动物的发情状态，故可利用褪黑素的分泌规律来控制动物发情期的开始。在实践中，通常可通过控制光照长度来调节动物的发情。如对于马等长日照动物，可通过人工照明延长光照时间，从而诱发其发情期的开始；而对短日照动物来说，可通过外源褪黑素来造成人为的短日照反应。若将长、短日照的处理方法相结合，可使动物在非繁殖季节进行繁殖，在一定程度上提高了繁殖效率。

褪黑素的给药途径有注射法、口服法、埋植法和阴道海绵栓法。其中埋植法可使血浆中褪黑素水平持续升高，持续时间可达几周，且方法简单易行。阴道海绵栓也可使褪黑素持续释放。对于反刍动物来说，也可将瘤胃作为激素释放的一个理想空间。如在瘤胃内放置一个特制的小球，从而使褪黑素持续不断地向瘤胃中释放，然后被吸收入血液循环。此种小球最终可在瘤胃中被降解而消失。

第二节　同期发情

同期发情又称同步发情，是指在配种季节内，应用外源激素及其类似物对母畜进行处理，从而诱发母畜群体集中在一定时间内发情并排卵的方法。它是人为的干预母畜的生殖生理过程，将发情周期进行控制并调整到相同的阶段，使配种、幼畜的产出、育肥等过程一致，以便于生产的组织与管理，提高畜群的发情率和繁殖率。同期发情技术的应用有利于人工授精技术的推广，特别是在居住分散的山区，如果能在短时间内使畜群集中发情，集中进行人工授精就非常便利。同期发情，集中配种，可以缩短配种季节，节省大量的人力和物力。同时又因配种同期化，对以后的分娩及生产、畜群周转以及商品家畜的成批生产等一系列的组织管理带来方便，适应现代集约化生产或工厂化生产的要求，此项技术也是胚胎移植技术的重要环节。

一、同期发情的原理

根据卵巢的机能和形态变化，母畜的发情周期可分为卵泡期和黄体期两个阶段。卵泡期是在周期性黄体退化后，血液中黄体酮水平显著下降，卵泡迅速生长发育、成熟并排卵的时期，此期母畜的行为也发生特殊的变化，即母畜表现非常兴奋并接受公畜的交配。卵泡破裂排卵后形成黄体，在黄体所分泌的黄体酮作用下，卵泡的发育、成熟等过程受到抑制，母畜行为处于安静状态，没有发情表现。如果未受精，黄体维持一定时间后即退化，随后出现另一个卵泡期。可见，黄体所分泌激素的水平与母畜是否发情有关，若能控制母畜的黄体期，便能控制母畜的发情周期。同期发情技术就是以体内分泌的激素在母畜同期发情中的作用为理论依据，应用外源激素或其类似物直接或间接作用于卵巢，使卵巢的生理机能处于相同阶段，人为的干预母畜的发情周期，进而把发情周期的进程调到基本一致的时间内，即发情同期化。

使母畜发情同期化的途径有两种，一是对待处理母畜应用孕激素，经过一定时间后，同时停药，即可引起母畜的同时发情。此种方法以外源孕激素代替内源孕激素的作用，人为地延长黄体期，从而推迟了发情期的开始，其实质是延长了发情周期；另一种方法是利用前列腺素的溶黄体作用，使黄体溶解，人为地中断黄体期，停止黄体酮分泌，而使垂体促性腺激素释放，从而引起发情，此途径的实质是缩短了发情周期，能使发情期提前开始。

二、同期发情所用的药物及使用方法

目前用于同期发情的激素主要有两大类，一类属于孕激素类，如黄体酮及其类似物（氟孕酮、18-甲基炔诺酮）等，这些激素抑制卵泡的生长发育，从而抑制母畜的发情；另一种激素能促进黄体退化，如前列腺素及其类似物。此外，还有一类激素是在这两类激素作用的基础上起辅助作用的一些促性腺激素、如FSH、LH、PMSG、HCG 和促性腺激素释放激素，它们能促使卵泡发育、成熟和排卵，增强同期发情的发情效果，提高发情率。

（一）孕激素处理法

向待处理的母畜使用孕激素，造成人为的黄体期从而达到发情同期化。若能配合使用 PMSG，同期发情效果会更好。现在已能人工合成多种制剂的黄体酮类似物质，主要有甲孕酮、甲地孕酮、氯地孕酮、氟孕酮、18-甲基炔诺酮、16-次甲基甲地孕酮等。同时，由于孕激素的剂型（乳剂、丸剂、粉剂等）不同，处理方法主要有口服法、肌肉或皮下注射法、皮下埋植法和阴道栓塞法等。

1. 口服法

每日将一定量的孕激素类药物均匀地拌在动物的饲料内，由母畜自由采食而服用。连续饲喂一定时间后，同时停药，即可引起母畜发情。这一方法适用于各种家畜，其缺点在于所用激素的总剂量大，且费时费工，容易出现母畜个体摄入的激素剂量不足等。

2. 肌肉注射法

一般油剂常用肌肉注射法。每日按一定药物用量注射到待处理母畜的皮下或肌肉内，连续处理若干天（羊 10~12 d 后）后停药。这种方法剂量易控制，也较准确，但需每日操作处理，比较麻烦。国内生产的肌注"三合激素"只处理 l~3 d，大大减少了操作日程，因而较为方便。

3. 阴道栓塞法

将乳剂或其他剂型的孕激素按剂量制成悬浮液，然后用灭菌的泡沫塑料或海绵浸取一定药液，或用表面敷有硅橡胶，其中包含一定量孕激素制剂的硅橡胶环构成的阴道栓，用尼龙细线把阴道栓连起来，塞进阴道深处子宫颈外口，尼龙细线的另一端留在阴户外，以便停药时拉出栓塞物。这样激素就通用持续不断地释放到周围组织，对机体产生作用，经过一定时间后取出。适用于牛、羊，一次用药即可引起母畜发情，但第一发情期受胎率低，还有可能发生脱落现象。

4. 皮下埋植法

一般丸剂可直接用于皮下埋植，或将一定量的孕激素制剂装入管壁有小孔的塑料细管中，用专门的埋植器将药丸或药管埋植在母畜耳背皮下，经一定时间后取出。经此法处理后，药物缓慢被吸收。具有用药量少的特点。

（二）PG 处理法

将 PGF2α 及其类似物向处于非发情状态的母畜子宫内灌注或肌肉注射一定剂量，经一定时间后，即可使母畜发情。母羊一般于处理后 2~3 d 内发情。用于同期发情的国产 PGF 型以及类似物有 4- 甲基 PGF2α 前列烯醇和 PGF1α 甲酯等。进口的有高效的氯前列烯醇和氟前列烯醇等。猪在发情周期 10 d 前，牛、羊和马在新生黄体期均对 PG 不敏感，只有在发情周期的第 4~5 天后的黄体才可被 PG 迅速溶解。用药方式以子宫内灌注法的效果高于肌肉注射法。经 PG 处理的母畜，一般于 2~4 d 后发情，发情率达 75%，母畜群中处于非黄体期者则不表现发情，为达到更好的发情效果，多于第一次处理后，隔 10~12 d 再用 PG 处理一次即可。同时应注意，由于前列腺素有溶解黄体的作用，已怀孕母畜会因孕激素减少而发生流产，因此要在确认母畜属于空怀时才能使用前列腺素处理。

三、各种动物同期发情处理方法

（一）牛的同期发情

在牛上，主要对肉用品种和乳用品种的青年母牛进行同期发情处理。前述方法都可采用，但以孕激素埋植法、阴道栓塞法及 PG 法较常用。

1. 孕激素埋植法

将一定量的孕激素制剂装入塑料管壁上有空的细管中，利用套管针或专用埋植器将药管埋于耳背皮下，经一定天数，即可取出细管，同时注射 PMSG 500~800 IU。也可将药装入硅胶管中埋植，硅胶管上有微孔，以便药物渗出。激素用量因种类而异，18- 甲基炔诺酮为 15~25 mg。取管后 2~5 d，大多母牛可发情、排卵。

2. 孕激素阴道栓塞法

此种方法所用的栓塞物为泡沫塑料块或硅胶环，其内含有一定量的黄体酮或孕激素制剂，将栓塞物放于子宫颈外口处，处理一定时间（短期为 9~12 d，长期为 16~18 d）后，将其取出，也可在取阴道栓的同时注射 PMSG。长期处理后，同期发情率较高，但受胎率较低；而短期处理后，同期发情率较低，而受胎率接近或相当于正常水平。若在短期处理时肌注射 3~5 mg 雌二醇和 50~250 mg 的黄体酮，或与黄体酮具有相应的生理效果的其他孕激素制剂，均可提高同期发情效果。

3.PG 处理法

PG 处理法有子宫灌注和肌肉注射两种途径，其中前者用药量少，效果明显，但技术难度高，对于青年母牛和小型牛更为困难；肌肉注射操作简单，用药量应适当增加，否则达不到应有的效果。PG 法只有在母牛处于发情周期的第 5~18 天时，才能产生作用，对周期 5 d 之内的新生黄体不产生作用。因此，PG 处理时，有少数牛无反应，须作第二次处理。为使同期发情率达到最佳效果，一般 PG 第一次处理后表现发情的母牛不予配种，隔 10~12 d 做第二次处理后，此次处理后母牛同期发情率显著提高，然而增加了劳动强度和激素用量。也可将出现发情者进行配种，无反应者再进行第二次处理，一般 PG 处理后第 3~5 天即可发情。

（二）羊的同期发情处理

1.口服法

每日将一定量的孕激素类药物均匀地拌在饲料内，通过母羊采食服用，持续 12~14 d，最后一天口服停药后，随即注射孕马血清 400~750 IU.常用孕激素的用量如上所述，甲孕酮日用量不变，其余约为阴道海绵法的 1/10~1/5。

2.阴道海绵栓法

将浸有孕激素的阴道海绵栓放在母羊子宫颈外口，一般在 10~14 d 后取出，同时肌肉注射 PMSG 400~500 IU，经 30 h 左右即开始发情。Sherman 等（1989）试验表明，若在母羊出现发情时注射 HCG 500 IU，能提高排卵率和受胎率。不同种类药物的用量是：黄体酮 400~450 mg，甲孕酮 50~70 mg，甲地孕酮 80~150 mg，氟孕酮 40~45 mg，18- 甲基炔诺酮 30~40 mg。

3.PG 处理法

进口 PG 类物质有高效的氯前列烯醇和氟前列烯醇等，注入子宫颈的用量为 1~2 mg；肌肉注射一般为 0.5 mg。应用国产的氯前列烯醇，每只母羊颈部肌肉注射 2 mL 含 0.2 mg，1~5 d 内可获得 90% 以上的同期发情率，效果十分显著。前列腺素对处于发情周期 5 d 以前的新生黄体溶解作用不大，因此前列腺素处理法对少数母羊无作用，应对这些无反应的羊进行第二次处理。因此，卵巢的活动阶段不同时，PG 处理所产生的效果会有所差异。Gregling（1996）报道，用三种不同剂量（62.5 μg，125 μg 和 25 μg）的氯前列烯醇，处理 48 只处于配种季节的 Boer 山羊，结果表明，62.5 μg 的剂量效果最好，其处理方法为间隔 14 d，分两次肌肉注射，同期发情率可达 94%~100%，受胎率和产羔率分别为 73.3% 和 150%。用 PGF2α 进行肌肉注射，间隔 11 d，每次 8 mg，发情母羊发情后采用自然交配法，每隔 12 h 交配 1 次，共配 3 次，其总受胎率可达 94%。

此外，在发情季节内也可利用"公羊效应"诱发母羊，使其发情。一般母羊若有 20 d 以上没与公羊接触，此时可将公羊直接引入母羊群或靠近母羊圈，可使大多数母羊在 3~7 d 后发情。

（三）猪的同期发情处理

若将牛、羊的同期发情处理方法应用于猪，易引起卵巢囊肿，而使发情率和受胎率下降，即使是 PG 处理法，其效果也比牛、羊的同期发情效果差。因此，猪的同期发情多采用同期断奶法。若在断奶的同时注射 PMSG 750~1 000 IU，效果更好。青年母猪皮下埋植乙基去甲睾酮.（500 mg）20 d，或以日注射剂量 30 mg 连续注射 18 d，停药后 2~7 d 内发情率可达 80% 以上，受胎率达 60%~70%。用类固醇激素，如 RU-2267（法国产），使性成熟母猪每日口服 15~20 mg，连续服用 18 d，停药后 4~8 d，有 80%~90% 的母猪表现发情，且情期受胎率为 70%~90%。

（四）马的同期发情处理

对于马来说，同期发情处理以前列腺素类似物 ICI81008 的效果较好。因马的发情持续时间较长，排卵后 5 d 内的黄体对前列腺素不敏感，因此一次处理后的同期发情率较低，若间隔 12~16 d 再进行第二次处理，能使发情效果提高。

四、同期发情的效果分析

同期发情的处理方法及效果与卵巢的生理机能有关。若卵巢上有功能性黄体存在，可用 PG 类似物分两次进行子宫灌注，如果能配合使用促性腺激素，效果会更好，6 d 内有 90% 以上的母牛排卵，其中大多集中在 3~5 d 内。PGF2α 对有功能性黄体和因持久黄体而乏情的母牛同样具有同期发情效果，应用 PGF2α 后，母牛的黄体在 1 d 内溶解，然后在 3~4 d 就出现正常的发情、排卵，因此，此激素是控制母牛发情非常有效的激素。若用孕激素对母牛进行同期发情处理，一般多用 18- 甲基炔诺酮作皮下埋植，同时注射雌激素等，经 10~12 d 取出药管即可。对卵巢处于静止状态，既无卵泡发育，也无功能性黄体存在的长期不发情的母牛，只能使用促性腺激素，如 PMSG 或 GnRH，从而刺激卵巢机能，促进卵泡发育。也可将孕激素结合促性腺激素，均能诱发母畜的发情。由持久黄体引起的乏情母畜，可用 PGF2α。或孕激素处理，处理后 2~3 d 同期发情率可达 70%~90%，但对营养不良、体质瘦弱、长期不发情或屡配不孕者效果很差。

第三节　超数排卵

超数排卵指在母畜发情周期的适当时期，注射外源性促性腺激素，如 FSH 或 PMSG，诱发其卵巢上比在自然情况下有较多的卵泡发育并排卵的方法，简称超排。超排现象首先在小鼠的试验中被发现（1927），1940 年首次进行牛的超排，于 1951 年取得成功。超排技术是大多数家畜，特别是单胎家畜，提高繁殖率的有效手段。若将其与胚胎移植技术以及现在日益发展的高新生物技术相结合，必然能有效地发挥家畜的繁殖潜力，最大限度地提高家畜的繁殖效率。我国在此地方面的研究起步于 20 世纪 70 年代初，相继在牛（1978）和奶山羊（1980）上取得成功，此后关于山羊、黄牛和奶牛的报道也日益增多。

哺乳动物的卵巢在初生时含有（2~4）×10⁵ 个卵母细胞，但在其生命过程中经自然发情排卵的仅有数十个。应用超排技术可使每次的排卵数由 1~3 个增为 10~20 个，然后通过回收卵母细胞，对于不成熟的卵母细胞须经体外培养方可与精子作用，形成早期胚胎，从而开发利用卵巢上的卵母细胞资源，提高良种家畜的繁殖能力，对充分利用其高产基因，加速品种改良具有重要的意义。

一、超数排卵的原理

研究证明，卵巢上只有有腔卵泡对外源性促性腺激素的刺激敏感而发生排卵，卵泡腔的形成及生长期卵泡的发育又完全受 FSH 和 LH 的控制。FSH 在启动卵泡腔的形成过程中起着非常重要的作用，能促进颗粒细胞加速有丝分裂并分泌卵泡液。在自然状态下，动物卵巢上约有 99% 的有腔卵泡发生闭缩、退化，仅有 1% 的能发育成熟排卵。在每次发情之前，优势卵泡加速生长，因为吸收利用了全部促性腺激素而使其他的有腔卵泡闭缩、退化。在发情期，LH 释放频率加速，可使优势卵泡逐渐增加雌二醇的分泌，当优势卵泡成熟时，其所分泌的雌二醇正反馈作用于垂体，使垂体大量释放 LH。LH 可使卵母细胞减数分裂恢复，再加上成熟卵泡分泌 PGF2α，促进卵泡膜细胞释放胶原酶而溶解局部组织，从而出现排卵过程，故超排过程可认为是应用超过体内正常水平的外源促性腺激素，使将要发生闭缩的有腔卵泡发育，从而成熟排卵。实验表明，在家畜有腔卵泡闭缩前注射 FSH 或 PMSG，能使大量卵泡不发生闭缩而正常排卵，若在排卵前再注射 LH 或 HCG 即可弥补内源性 LH 的不足，可保证这些卵泡成熟排卵，由此便形成了超数排卵。

二、超数排卵所使用的激素及使用方法

（一）超数排卵使用的有关激素

在动物的超排处理过程中，常用的激素有 FSH、LH、PMSG、HCG 等及 LRH-A3。FSH 是由腺垂体嗜碱性粒细胞合成和分泌的一种糖蛋白激素，a、B 亚基以共价键相连，其中 B 亚基具有特异性，是激素生物活性和免疫活性的决定因素，但激素的生物活性只有在两亚基结合在一起时才具有。FSH 的半衰期很短，一般在血液中的半衰期仅为 120~170 min。其生理作用主要促进卵泡的发育成熟，刺激卵巢生长及增加卵巢的重量。LH 也是由腺垂体分泌的糖蛋白激素，它与 FSH 协同作用，促进卵泡的生长成熟、粒膜增生，参与内膜细胞合成和分泌雌激素，刺激排卵和黄体形成。PMSG 由怀孕 40~120 d 的母马子宫内膜杯产生，仅出现于血液中，在妊娠的第 55~75 天时，血液中的 PMSG 达峰值。PMSG 也属于糖蛋白激素，具有 FSH 和 LH 双重活性，半衰期长，牛静脉注射 PMSG 后 123.2 h 仍可在血液中检测到，肌肉注射的半衰期可长达 10 d 以上。胚胎的遗传型对 PMSG 的 FSH 和 LH 的活性比值有显著影响。母马怀马驹时，两者的活性比值为 1.45 ± 0.03，怀骡驹时为 0.64 ± 0.003；怀孕母驴血清中的 FSH 和 LH 活性和浓度均比母马的低，怀驴驹时为 0.17 ± 0.01，怀驴骡驹则为 0.5 ± 0.02。纯化的 PMSG 广泛应用于牛、羊等家畜的诱发发情和超数排卵，但其易产生后效应，使母畜发情期延长、黄体过早退化及胚胎回收率降低或失败，现在一般通过注射 PMSG 抗血清，从而改善超排效果。HCG 由孕妇早期的绒毛膜滋养层合胞体细胞产生，经尿液排出，于怀孕的 60~70 d 达峰值，21~22 周降到最低，分娩后 4 d 左右消失。化学本质为糖蛋白，生物活性主要表现为 LH。PGF2α 是一类有生物活性的长链不饱和羟基脂肪酸，其生物合成在细胞膜内进行。在胚胎移植过程中，PGF2α 及其类似物具有溶黄体作用，使受体同期发情，配合促性腺激素对供体进行超排处理。LRH-A3 是 20 世纪 80 年代合成的一种促性腺激素释放激素的类似物，在家畜的繁殖中多用于同期发情、超排处理及排卵，一般于配种后用

此激素处理，可使血中 FSH 和 LH 水平升高，促进 LH 排卵峰提前，有效增加排卵数量并能改善胚胎的质量。

（二）超排处理方案

1.FSH 多次注射法或 PMSG 一次注射法

FSH 或 PMSG 都具有促进卵泡发育的功能，所不同的是 FSH 需分多次注射，一般一天两次，连续处理 3~4 d，有的甚至处理 5 d，而使用 PMSG 只需注射一次即可。经超排处理的动物一般于发情开始后 12~16 h 和 20~24 h 各配种或人工授精一次，并于第一次配种后静脉注射 HCG 或 LH，以便于排出多数卵子。激素的应用时间及剂量因动物种类不同而异。

2.PMSG 或 FSH+ 前列腺素法

若用 PMSG 或 FSH 进行超排处理，一般于注射 FSH 或 PMSG 的第 4~6 天再注射 LH 或 HCG，这种处理方法的缺点在于黄体退化时间不一致，排卵时间的先后也不同，因此在超排处理的程序中加入 PGF2α 或其类似物质，以期及时溶解黄体，使超排时间整齐一致，便于集中采集胚胎。

通常在使用 PMSG 处理后 48 h，采取子宫颈注入法或肌肉注射法注射 PG 或其类似物，其剂量因 PG 或其类似物的种类、批次及动物种类不同而有所差异。对于牛来说，PGF2α 的用量为 30 mg，4- 甲基 PGF2α 为 2 mg，氯前列烯醇为 50 μg。绵羊和山羊的用量则是牛所用激素剂量的一半。Sreenan（1983）报道，使用 PMSG 和 PG 或其类似物两种激素配合处理母牛，95% 的牛于 PG 处理后 24~96 h 有发情表现。许多学者报道，使用此种方法处理后，母牛的排卵数为 8~18 枚，回收卵子的受精率约为 80%。

3.FSH+ 前列腺素 +LH 法

母牛待处理的时间安排在发情周期的第 7~21 天的任何一天，FSH 分多次注射，每天上、下午各一次，每次注射 FSH 的同时肌肉注射一定量的 LH。供体于处理 48 h 后肌肉注射前列腺素，受体则提前一天注射。

4.PMSG 与 PMSG 抗体结合使用

由于 PMSG 分子量大，在体内的半衰期长，且易使母畜体内产生抗体，从而影响卵泡的发育。1977 年，Bindon 等首次报道将 PMSG 抗血清用于绵羊和牛的 PMSG 超排处理程序，以克服 PMSG 的副作用。结果发现，PMSG 抗血清可以消除 PMSG 的残留作用，明显增加可用胚数，提高超排效果。其使用时间应根据具体情况而定，一般于 PMSG 注射后 2~3 d 注射即可。

5.FSH 一次注射超排法

FSH 的超排效果虽然优于 PMSG 的效果，但因其半衰期短，必须多次注射才能产生效应，因此处理比较烦琐。有报道称，将 FSH（30 mg）溶解于 10 mL 聚乙烯吡咯烷酮（PVP，300 g/L）中，给牛一次肌肉注射，进行超排处理，获得良好效果。这一方法大大简化了超排操作程序，且便于在生产中推广应用。国内将其应用于绵羊和山羊的超排处理，结果证实一次肌肉注射与多次注射 FSH 具有同样的理想效果。山羊的用法为：给山羊放置含左旋 18- 甲基炔诺酮（30 mg）阴道海绵栓 1 个，同时注射雌二醇 2 mg，进行预处理 7 d，然后用 300 g/L PVP 5~6 mL 溶解 FSH 250~300 IU，一次肌肉注射，于处理后第 3 天下午撤除阴道海绵栓，同时皮下注射 4- 甲基 PGF2α 0.6 mg，待发情后配种。

6. 孕激素 +PMSG 或 FSH 超排处理法

使用孕激素进行超排处理中，目前多用人工合成的孕激素类制剂，如甲孕酮（MAP）、氟孕酮（FGA）、Cronolone 等，这些制剂的生物学活性比黄体酮高 10~20 倍。制剂种类和动物种类不同，所需激素的剂量也有差异。如使用黄体酮进行处理时，绵羊需处理 12~14 d，山羊 14~18 d，每日剂量为 10~12 mg。用 Cronolone 30~45 mg 或 FGA 30~40 mg 制成的海绵栓，在绵羊阴道内放置 12~14 d，山羊 14~18 d，取出海绵栓的前 1~2 d，一次肌注 PMSG 1 000~2 000 IU 或 FSH-P 12~24 mg，撤栓后 1~2 d 开始发情。为缩短时间，孕激素可与 PG 结合起来使用。

三、超排效果的衡量

由于影响超排的因素很多，所以要使每头母畜都获得预期效果很难控制。在实践中，一般以使 50% 以上的处理母畜得到满意的结果，则认为超排处理是成功的。超排的多少对于受精、胚胎的回收及胚胎的品质均有影响，以牛为例，一般要求排卵数达 10~12 个，可用胚按 65% 算，即有 6~7 枚，平均妊娠率按 60% 算，可获 3~4 头犊，在经济上较合算。羊的超排反应效果则以单侧卵巢排卵 10 枚左右较为理想。

四、超数排卵处理有待解决的问题

超排处理能有效地增加母畜的排卵数，提高其繁殖率，但这一处理方法在一定程度上影响其自然情况下应具有的生殖激素的平衡状态，因此还存在一些问题有待解决。

（一）超排处理的个体反应差异

实践证明，经超排处理的母畜群中，约 1/3 供体的超排效果理想，1/3 的反应一般，1/3 的效果非常差。就同一个体而言，每次超排处理后其反应的差异也很大，这就使要准备的受体数量难以确定。

（二）超排处理中激素对卵母细胞的影响

将经超排处理及对照组的胚胎收集，用不含激素的培养液进行体外培养，结果发现，对照组卵母细胞蛋白质合成情况与活体卵巢上生长卵泡内卵母细胞的相同，而超排组 28% 的卵母细胞蛋白质合成过程发生改变，其原因在于 PMSG 提前激活了生殖系统而引起卵母细胞老化或发生异常。

（三）超排处理对生殖道的影响

用 PMSG 对山羊进行超排处理，发情后第 6~8 天的胚胎回收率相当低，且有黄体过早退化现象。若收集第 4 天的胚胎，则胚胎的回收率显著提高。出现此种情况是由于黄体过早退化，黄体酮分泌量急剧下降，而经超排处理后卵巢雌激素的分泌量又显著增多，故生殖道活动增强，其结果导致胚胎快速下行而排出。

（四）超排处理的负效应

超排处理过程中，胚胎易发生死亡而被吸收，流产的胎儿染色体有异常现象，这些现象是由 PMSG 所致的母畜体内类固醇激素升高而引起。有实验表明，在妊娠早期给动物注射雌二醇和黄体酮，可导致胚胎发育异常、退化或生长阻滞，若能阻止类固醇激素的分泌，则能提高胚胎的成活率。

五、抗 PMSG 在超数排卵处理中的应用

PMSG 在超排处理中只需注射一次，从而使超排程序简化，但因其半衰期长，在体内不易及时清除，不仅影响卵泡的最终成熟和排卵，而且还能引起排卵后第

二次卵泡发育波，产生不能排卵的大卵泡，后者分泌雌二醇，降低了胚胎的发育质量和黄体的早期退化，使胚胎的回收率降低。通过 PMSG 抗血清或 PMSG 单克隆抗体与体内的 PMSG 相结合，形成大分子抗原抗体复合物，可中和残留的 PMSG，迅速降低外周血中 PMSG 的浓度，抑制排卵前后卵巢中卵泡的发育，防止其发育成大卵泡，相应地降低雌二醇的水平，提高胚胎的发育质量、回收率和可用胚胎率。

　　在超排处理过程中，PMSG 抗血清或 PMSG 单克隆抗体的处理时间与 PMSG、PG 注射或超排发情的时间有关，也可通过测定 LH 峰来确定 PMSG 抗血清或 PMSG 单克隆抗体应用的具体时间。若能在 LH 峰出现前短时间内使用 PMSG 抗血清或 PMSG 单克隆抗体，能使排卵集中且明显增加排卵数和可用胚数。使用 PMSG 对母畜进行超排处理时，该激素对卵泡的发育影响主要有最初刺激阶段、卵泡的选择和生长阶段及卵泡的最后成熟阶段。由于母畜对 PMSG 刺激的最初反应变异明显，故其排卵前的卵泡数存在个体差异，而后者又与 PG 注射后 LH 峰出现前的时间间隔有关，当 PMSG 诱导产生大量卵泡时，LH 峰出现较早，否则出现则较迟。若在 LH 峰出现前注射抗 PMSG，势必阻止超数排卵，而在 LH 峰之后 4~6 h 用抗 PMSG 中和 PMSG，即可解除 PMSG 对卵泡和卵母细胞的最后成熟副作用及排卵后卵泡的第二次发育波，从而使排卵数和可用胚数增加，若于 LH 峰出现后 7~15 h 注射抗 PMSG，便不能有效地改善排卵率，也不能提高胚胎的回收率和可用胚数。由此可见，抗 PMSG 的使用时间与 LH 峰的出现密切相关，故可根据 LH 峰出现的时间安排适宜的抗 PMSG 的使用时间，提高超排效果。

第四节　诱发分娩

　　在畜牧业生产实践中，对动物发情周期的调控技术称为发情控制技术，对排卵的调控技术为排卵控制，而对分娩的调控技术称分娩调控技术。分娩调控技术主要是在动物妊娠期快结束的一段时间内，诱发妊娠动物分娩，生产出具有独立生活能力的后代，或者人为的终止不正常的妊娠。通过诱发分娩技术，可将动物群体的分娩调整到一定的时间范围内进行，从而便于产后母畜和仔畜的分批集中护理，减少或避免一些不必要的损失，同时也能将动物的分娩与季节相结合，保证动物营养的全价和优质供应，以利于产畜的产后恢复和孕畜的健康生长发育。

一、诱发分娩的适用范围

（一）生理状态

若仅根据母畜的配种日期和临产表现，很难准确预测其分娩具体开始的时间，但采用诱导分娩技术，可使绝大多数孕畜的分娩集中发生于预定的日期，便于对分娩母畜和新生仔畜的护理，也避免了一些不必要的劳动及伤亡事故的发生。

同期发情、同期分娩、同期断奶这一系列密切相关的技术为母畜的下一个发情周期的同期化奠定了良好的基础，也为新生仔畜的寄养提供了契机，还可使母畜，特别是放牧牛群的泌乳高峰期与牧草的生长旺季相一致。在妊娠末期，胎儿的生长发育速度相当快，通过诱发分娩技术可适当降低新生仔畜的初生重，从而降低难产的概率。诱发分娩技术还可及时阻止或降低各种误配导致的不良后果。

（二）病理状态

当发生胎水过多、胎儿死亡及胎儿干尸化时，就及时终止妊娠状态。若妊娠母畜受伤、产道异常或患有不宜继续妊娠的疾病时，也可通过终止妊娠来缓解母畜的病情，或通过诱导分娩在母畜屠宰前获得成活的仔畜，如骨盆狭窄或畸形、腹部疝气或水肿、关节炎、阴道脱、妊娠毒血症、软骨症等。

二、诱发分娩的原理

根据妊娠和分娩机理，利用外源激素，人为地干扰妊娠过程和分娩，从而达到人工流产和诱导分娩的目的。诱导分娩中常用的激素有 ACTH、糖皮质激素和 PGF2α，其中 ACTH 的使用要与母畜妊娠的一定阶段相对应，使用过早过晚都达不到理想效果。使用治疗剂量的水溶性短效糖皮质激素，2~5 d 后可使母畜分娩，若能配合使用雌激素，则其效果更好。通常不单独、大剂量使用雌激素，否则会使子宫和产道过分水肿而增加难产的概率。一般对子宫颈很发达的牛和羊也尽量不用 OT，尤其在子宫颈还没开张时，使用 OT 易使子宫破裂。PGF2α 具有溶解黄体的作用和收缩不滑肌的作用，是诱发分娩的最方便、最安全和最有效的激素，不过在使用其类似物时，应根据药效决定其所使用的剂量。

三、各种动物诱发分娩的方法

（一）牛的诱导分娩

在牛妊娠的第 265~270 天，一次肌肉注射地塞米松 20 mg 或地塞米松 5~10 mg，处理后 30~60 h 便可分娩。在牛妊娠的 200 d 内，黄体酮主要来源于黄体，若在此阶段注射 PGF2α，特别易使牛发生流产。尤其是在妊娠的 65~95 d 前，绒毛膜和子宫内膜间联系还不很紧密，流产后胎膜不破，子宫内膜不流血，内源性 PGF2α 水平也不升高，因而副作用较小，故此时是终止不必要或不理想妊娠的良好时机。妊娠 200 d 后，牛胎盘可产生少量黄体酮，在妊娠 150~250 d 期间，孕牛对 PGF2α 的反应相对不敏感，注射 PGF2α 后不一定会引起流产。此后，越接近分娩期，母牛对 PGF2α 越敏感，在妊娠的第 275 天时，注射 PGF2α 3 d 即可引起分娩。氯前列烯醇具有催产作用，用其进行牛的同期分娩实践中应用较少。

（二）羊的诱导分娩

在绵羊妊娠第 144 天注射地塞米松或倍他米松 12~16 mg，或 2 mg 地塞米松可使多数母羊于处理后 40~60 h 内产羔。在妊娠第 141~144 天注射 PGF2α 15 mg，也能使怀孕母羊在 3~5 d 内产羔。绵羊胎盘从妊娠中期开始产生黄体酮，因而对 PGF2α 的反应不敏感，故使用 PGF22α 进行诱导分娩的成功率低，若用量过大能引起大出血和急性子宫内膜炎并发症。因此，使用 PGF2α 诱导分娩在绵羊上难以推广。山羊的诱导分娩与绵羊的相似，所不同的是山羊在整个妊娠期，其黄体酮都来源于黄体，因此，若给孕畜注射 4-甲基 PGF2α 1.2 mg，可使其在 1.5~3.0 d 内流产或分娩。

（三）猪的诱导分娩

在猪生产实践中，进行诱导分娩有利于统一分娩和分娩监控。对临产前母猪注射氯前列烯醇（0.1 mg/头·次），24 h 后注射催产素 10 IU/头，诱导临产母猪分娩，白天分娩率达 90%。将妊娠 110 d 的母猪注射 ACTH 60~100 IU，可缩短产仔间隔 25%，死仔猪数降低。在猪妊娠期的 109~111 d，注射地塞米松 75 mg，连续注射 3 d；或在 110~111 d 连续注射地塞米松 2 d，使用剂量为 100 mg，或在 112 d 注射 200 mg，其诱导分娩的效果均较理想。若于猪妊娠期的最后 3 d 注射 PGF2α 5~10 mg，可使多数母猪于处理后 22~32 h 产仔。处理早的母猪，从注射到产仔间的间隔时间稍短。若将 PGF2α 与 OT 结合使用，即于 PGF2α 处理后 15~24 h 再注射 OT（20 IU），数小时后母猪即可分娩。也可连续注射黄体酮 3 d，日剂量为 100 mg，第 4 天注射 PGF2α，约 24 h 即可分娩，从而将分娩时间控制在更短的时间范围内。若母猪怀孕不正常时，可用氯前列烯醇（0.2 mg）进行处理，一般于次日即可排出死胎或弱胎。

（四）马的诱导分娩

马在妊娠末期，当乳房中有较多的初乳，子宫颈较松软，子宫颈外口可以伸进 1~2 指时，若胎儿的胎位、胎势和胎向均正常时，可注射 40 IU/OT 约 30 min 后母马便可产驹。若间隔 15 min 注射 5 1U/OT，注射 3 次后将注射剂量增加到 10 IU，直到分娩开始为止，这一处理方法效果更好。若于妊娠的第 321~324 天起，连续注射 5 d 地塞米松（100 mg），可使孕马在 3~7 d 后分娩。马在不同的阶段黄体酮的产生部位差异很大。妊娠的 40 d 之前，黄体酮主要由妊娠黄体分泌，40~170 d 则由妊娠黄体和副黄体产生，此后则由胎盘产生。正因为如此，母马对 PGF2α 的敏感性因妊娠的阶段而异，最敏感的阶段在妊娠的 30 d 内，此期用 PGF2α 处理很快发生流产且发情，配种也能妊娠。此期过后，需注射 4 次以上 PGF2α 才能导致流产。到了妊娠末期，马对 PGF2α 的敏感性又加强，故可用此激素进行诱导分娩，方法为间隔 12 h 注射 2.5 mg PGF2α，直到分娩为止。

马若怀双胎，在胚胎时期发生 1 个或 2 个胚胎吸收或流产的概率是 95%，仅有极个别双胎妊娠母马能维持到妊娠结束，但所产仔驹活力不强。马在妊娠 40 d 后流产会出现假孕，这种状态一直持续到子宫内膜复旧后，因而在流产后 2~3 个月内很难重建正常的发情周期。妊娠后期流产已是非繁殖季节。这两种情况都会导致母马当年空怀。

四、各种动物的避孕措施

（一）配种前的措施

1. 性腺摘除

对于各种动物来说，摘除其性腺可以达到避孕的目的，而且是永久性的避孕。

2. 激素避孕法

使用睾酮或黄体酮抑制垂体促性腺激素分泌，从而阻止卵泡发育和排卵，进而达到避孕的目的。若使用人工合成的雄激素，犬的使用剂量一般为 3 μg/kg·d，德国牧羊犬将剂量加倍，一般从预计发情前的 30 d 开始处理，处理后平均 70~90 d 才能恢复发情，待第二次发情时妊娠恢复正常。使用雄激素的副作用主要是可能发生阴道炎，皮脂腺活动增加，肝功能改变。若用甲地黄体酮处理，处理时间在犬发情前的 3 d，剂量为每千克体重 2.2 mg，连续处理 8~10 d 即可阻止和预防发情，但下次发情时间可能提前 2 个月。若在发情前 7 d 处理（0.55 mg/kg·d），连续处理 32~40 d 可以抑制发情，但不影响下次发情。长期使用孕激素，犬的食欲和体重增加，更加驯服，偶尔泌乳，可能发生子宫内膜囊性增生、子宫积脓等。对正在发情的猫用甲地孕酮处理，连续处理 5~7 d，剂量为每千克体重 5 mg，通常在 2~5 周后出现下一次发情。在两次长期用药间，应让猫自然发情一次，若猫生殖道有感染，应避免使用该药物。

3. 诱导排卵

猫属于诱发排卵型动物，当其发情时，可通过诱发排卵引起其长约 45 d 的假孕期。具体方法为：让发情的母猫与输卵管结扎过的公猫交配或用无菌的棉签玻璃棒伸入阴道几次，也可注射 HCG（50 IU）或 GnRH（50 μg），连续处理 2 d。

（二）配种后所采取的避孕措施

1. 雌激素处理法

若动物发生偷配或误配，可在配种后 1~2 d 内，最迟不超过 72 h，注射雌激素，可干扰受精卵在输卵管中的运行，且能使子宫环境变得不利于早期胚胎的发育，从而达到避孕的目的。但如此处理有一定的副作用，即动物的发情期通常延长 2~10 d。常用的雌激素制剂有雌二醇环戊酸盐，其用量因动物种类不同而异，一般犬的用量为每千克体重 0.02 mg，猫为每千克体重 0.25 mg。由于雌激素能对犬产生一定的副作用，如引起子宫脓积和骨髓抑制等，故使用剂量不宜过大，且在用药后 30 d 时检查一次。同一动物在使用不同种类的雌激素时，其剂量也有差异。

精子在雌性生殖道内的运行速度相当快，因此，在公母畜交配后立即冲洗母畜的生殖道，并不能避孕。而牛和马在配种后 7~20 d 冲洗子宫则可避孕。

2.PGF2α 避孕法

多数母畜的黄体对 PGF2α 非常敏感，因此可于配种后 7~10 d 注射 PGF2α，从而进行避孕。

在大规模的生产中，诱导分娩虽然可实现同期分娩，但也不能忽视这项技术的副作用，如诱导分娩后，动物的分娩时间无法控制在更精确的范围内，产死胎、新生仔畜死亡、初生重减小、胎衣不下、母畜的泌乳能力下降和生殖机能延迟等也是诱导分娩中常见的现象。

第十章 MOET 育种体系与胚胎工程技术

第一节 概　述

胚胎工程是指对配子或胚胎进行人为干预，使其环境因素、发育模式或局部组织功能发生量或质的变化，广义而言，它包括所有的对配子和胚胎的操纵以及人为干预的现代方法，如精液冷冻、卵母细胞与胚胎的保存、超数排卵、胚胎移植、胚胎分割、胚胎嵌合、体外受精、显微受精、胚胎性别控制、胚胎干细胞培养、胚胎克隆、转基因等。其中以超数排卵和胚胎移植为繁殖技术的育种体制叫 MOET（ Multiple Ovulation and Embryo Transfer, MOET ）育种。20 世纪 90 年代后，其概念为建立在胚胎工程技术基础之上的育种体制叫 MOET 育种。

一、卵母细胞与胚胎冷冻保存

（一）卵母细胞冷冻保存

卵母细胞的冷冻保存研究始于 1976 年。1977 年，Whittingham 首次成功地冷冻保存了小鼠的成熟卵母细胞，受精后获得了后代。迄今为止，卵母细胞的冷冻保存以小鼠、牛作为主要对象，其冷冻方法趋于成熟，冷冻后的卵母细胞形态正常率、受精率、发育率及移植后的产仔率等方面均取得了一定进展。20 世纪 80 年代以来，人们已对多种动物的成熟卵母细胞进行冷冻保存，解冻后经体外受精获得的胚胎进行移植，例如，家兔、肉牛均获得了后代。1989 年，用玻璃化冷冻保存的小鼠卵母细胞，经体外受精后能继续发育，移植后产仔率高达 45.8%，1998 年，Vajta 采用开放式抽拉管（ Openpulled straw，OPS ）进行玻璃化冷冻保存牛成熟卵母细胞，目的是提高冷冻速度。解冻后的卵母细胞经体外受精，获得了 13% 的囊胚发育率，并且胚胎移植后获得了犊牛。但与成熟卵母细胞相比，未成熟卵母细胞的冷冻相对困难。Schroeder 等用各种方法冷冻保存了小鼠 GV 期卵母细胞，解冻后大部分卵母细胞能体外成熟。Suzuki 等用慢速冷冻法冷冻牛 GV 期卵母细胞，体外受精后有 10.5%~42.1% 卵母细胞卵裂，1.3%~3.1% 的卵母细胞发育到囊胚阶段，并且获得了成活小牛。此后，GV 期卵母细胞冷冻的进展缓慢，对 GV 期卵母细胞的冷冻保存条件及其低温生物学特性，有待进一步研究。

（二）胚胎冷冻保存

哺乳动物胚胎冷冻保存研究始于 1972 年，由 Whittingham 等首先发明了慢速冷冻法（常规冷冻法），对小鼠的胚胎冷冻保存获得成功，解冻后移植产下了后代。常规冷冻法经过近 30 年的发展，冷冻效果已基本稳定，目前仍然在世界范围内广泛应用。继 Whittingham 等对小鼠胚胎冷冻成功之后，牛、家兔、大鼠、山羊和绵羊等的胚胎超低温冷冻保存也相继取得成功。1977 年，Willadsen 等对上述方法进行了改良，发明了快速冷冻法，将绵羊胚胎于抗冻保护剂溶液中处理后，缓慢降温至 −35 ℃后直接投入液氮保存，这种方法比慢速冷冻法缩短降温时间 1 h，但以上方法均属于常规冷冻，其冷冻程序较烦琐、费时，而且冷冻过程中需要昂贵的程序降温仪。1985 年首次发明了玻璃化冷冻法，对小鼠 8- 细胞胚胎冷冻保存取得成功。此后，玻璃化冷冻法经不断的改进，使这项技术日趋成熟，目前已有多种动物胚胎经玻璃化冷冻后在生产中示范应用。

二、胚胎移植

胚胎移植技术经过 100 余年的历史，从试验阶段发展到生产应用阶段，已成为胚胎工程领域的基础技术和手段，与其他生物技术如动物克隆、转基因等密不可分。

1890 年，英国剑桥大学首次将兔受精卵移植成功。家畜的胚胎移植，最早是在绵羊上获得成功，随后在山羊、猪、牛和马等相继获得成功。20 世纪 70 年代中期以来，胚胎移植技术发展到实际应用阶段。目前，美国、加拿大、法国、德国、澳大利亚、新西兰、日本等许多国家都建立了牛胚胎移植专业性公司。近年来，全世界每年移植数十万枚牛胚胎，每次由一供体采集的胚胎，经过移植，最后获得 2~9 头犊牛。1975 年 1 月，在美国科罗拉多州的丹佛市召开了第一届国际胚胎移植学会（IETS）成立大会，会上进行了学术交流，并规定每年召开一次年会。国际胚胎移植学会的成立，标志着胚胎移植技术的发展已有美好的前景。从世界范围来看，牛胚胎移植的增长速度最快，1991 年全世界移植受体 240 730 头，到 1996 年增加到 412 573 头。美国、法国等发达国家近年参加后裔测定的青年公牛中，80% 以上为胚胎移植的后代。

我国胚胎移植技术起步较晚，但发展迅速，现已在家兔、绵羊、奶牛、奶山羊、马、驴等动物中获得成功。1976~1977 年，家兔胚胎和绵羊胚胎低温（10 ℃）保存 1 d 和 10 d 后移植成功。1980 年绵羊胚胎超低温保存后，移植产羔。1982 年牛胚胎冷冻 374 d 后移植产犊 3 头。20 世纪 90 年代前后牛和羊的胚胎分割相继成功。1989 年奶牛冻胚分割移植后产同卵双犊。1992 年绵羊鲜胚分割四分胚移植，产同卵三羔。1989 年牛四分胚成功产犊。2008 年，世界首例亚种间克隆奶水牛和冷冻胚胎克隆奶水牛在广西诞生。目前，胚胎移植正向产业化方向发展，随着技术的逐渐成熟和奶业、肉牛业及肉羊业的兴起，胚胎移植技术已经走向市场，使胚胎移植技术达到实际应用水平，在纯种扩繁和家畜育种以及胚胎高技术研究中发挥重要作用。

三、体外受精

哺乳动物体外受精的研究已有 120 多年的历史。早在 1878 年，德国科学家将体内成熟的家兔和豚鼠卵子与附睾精子放入子宫液中培养，观察到第二极体排出和卵裂现象。在此后的近七十年时间里，虽然 Pork 和 Menkin 于 1944 年进行了人卵的体外受精实验，美籍华人张明觉亦于 1945 年成功地进行了兔的体外受精实验，但一直对哺乳动物的体外受精持怀疑态度。其主要原因是结果不能重复，带有很大的偶然性，且无体外受精的试管动物出生。直到 1951 年，美籍华人张明觉和澳大利亚的 Austin 几乎同时发现了精子的获能（capacitation）现象，体外受精的研究才得到突破。1959 年，张明觉利用获能处理的家兔精子进行体外受精实验，获得了世界上第一批体外受精的试管兔。此后，体外受精技术的研究进展很快，先后在小鼠、大鼠、人、牛、猪、恒河猴、绵羊、山羊等动物中获得试管后代。特别是牛的体外受精技术，研究相对深入。目前，一套高效的牛胚胎体外生产程序已经建立起来，并逐步进入产业化生产应用阶段。

国内体外受精技术的研究起步于 20 世纪 80 年代后期，但进展很快，已先后在小鼠、兔、人、绵羊、山羊、猪、奶牛、水牛等动物中取得成功。特别是人和牛的体外受精技术已达到国际先进水平，每年约有近百例试管婴儿诞生，数千头试管牛出生。

四、显微受精

显微受精的研究始于 1962 年，日本 Hiramoto 发现向海胆卵母细胞注射同种或异种精子均可形成雌雄原核，并且注射过程可以激活卵母细胞。最早在哺乳动物进行这项研究工作的是 Uehara 和 Yanagimachi（1976），他们将仓鼠注入仓鼠卵母细胞中，观察到精核能够解聚并可以发育形成雄原核，证明雌雄配子质膜融合并非精核解聚和原核发育所必需。1979 年在大鼠上的试验表明，精子注射时卵龄对精子的解聚及原核形成有影响，只有完全成熟的卵，注入精子后才能发生精子解聚和原核形成，未成熟的卵注入精子时，精子也能解聚，但不形成原核。1980 年对大鼠、小鼠的精卵互作进行了研究，发现在异种受精中，卵子的透明带具有种属特异性，但精子在卵质膜内的解聚及原核形成没有明显的种属特异性。Patrida 发现，将已获能并发生顶体反应的不运动精子注入小鼠卵母细胞质中能形成原核。Ogura 将仓鼠球形精子细胞核注入成熟的卵胞质中，结果 75% 的受精卵能分裂成 2- 细胞。此后小鼠球形精子细胞核的卵胞质内注射也获成功，并获得试管小鼠。Goto 从睾丸分离得到精子细胞和次级精母细胞，经体外培养后获得精子细胞，将其分别注入体外成熟的牛卵母细胞质中，结果获得了 7.1% 和 8.7% 的囊胚发育率。Kim 等将猪的球形精子细胞或其核注入电激活的猪成熟卵母细胞中，囊胚率分别达 25% 和 27%。这些研究使精子利用率大大提高。

显微受精研究的突破性进展是在 1988 年，Mann 将运动的精子注入小鼠卵周隙中首次得到了成活的后代。Hosoi 等将不运动精子注入兔卵胞质中也得到了正常的后代。1990 年，Goto 等将经过反复冷冻、解冻，形态受到破坏的牛精子注入卵母细胞质内，体外培养到囊胚，移植后成功产犊。1995 年，Kimura 和 Yanagimachi 对显微操作仪做了改进，用 Piezo-driven 操作系统使小鼠的 ICSI（胞浆内精子注射，Intracytoplasmic sperm injection）成功率有了极大的提高，80%

的注射卵存活，其中有 70% 体外发育到囊胚，产仔率达到 30%。同年，Almadi 等先向小鼠胞质内注入 Ca^{2+}，再注入一个形态正常的活精子也获得了 ICSI 小鼠后代。韦宏用 Piezo-driven 做牛的 IC-SI 证实不需对精、卵做任何激活处理，囊胚率也可达到 20%。迄今，显微受精已在兔、牛、小鼠、马、等动物和人获得试管后代。

我国的同类研究起步较晚。卢圣忠的研究结果表明，牛冷冻精子注射后的受精率为 19.9%，卵裂率为 9.4%；猪新鲜和冷冻附睾精子注射的受精率达到 25.2%，卵裂率 21.6%。罗军和范必勤（1993）报道了兔单精子胞质内注射受精成功，获得 70% 的桑椹胚和囊胚发育率，2- 细胞至 4- 细胞胚胎移植后，顺利产下 4 只健康仔兔。有人用胞质内注射和带下注射法研究小鼠精子显微受精，带下注射的受精率达到 29.2%，卵裂率为 42.3%，移植后出生 2 只健康仔鼠，而小鼠卵的胞质内注射没有取得良好结果。在小鼠显微受精方面，刘灵等用球形精子细胞进行带下受精，融合率达 60% 以上，发育率达 49.2%，经移植顺产 12 只仔鼠。

五、胚胎嵌合

Nicholas 和 Hall 用不同品系大鼠的受精卵进行嵌合体研究，获得了发生聚合的胚胎，并有一枚胚胎发育至产仔。由于当时无法对嵌合体动物进行检测，所以未能被确认是嵌合体。1961 年 Tarkowski 获得了 8- 细胞期胚胎聚合的嵌合体小鼠，首次在哺乳动物中培育出了嵌合体。1968 年 Gardner 创建了囊胚注射法制作出嵌合体小鼠。20 世纪 70 年代以后，哺乳动物嵌合体技术发展迅速，先后获得嵌合体绵羊，大鼠，家兔、牛和猪。同时，种间嵌合体技术也取得突破，小鼠 - 大鼠嵌合体，家养小鼠 - 野生小鼠嵌合体，牛 - 水牛嵌合体，绵羊 - 山羊嵌合体等相继获得成功。

我国动物嵌合体的研究起步较晚，1987~1989 年孙长美、林大光等进行了猪胚胎嵌合体的研究，显微注射 8- 细胞至 12- 细胞卵裂球至受体囊胚内细胞团中，移植后约 40% 妊娠，其中 1 头产仔 2 头。1988 年，陆德裕等获得嵌合体兔。1989 年，张锁链等获得嵌合体小鼠。

六、胚胎分割

1968 年 Mullar 等对家兔 8- 细胞胚胎进行一分为二，移植给受体并生产出仔兔；1974 年 Troson 分割绵羊胚胎，生产出同卵同性别双羔。1979 年 Willadsen 等对绵羊进行分割，移植后成功获得世界上第一批绵羊早期卵裂球分割的同卵双生后代。1982 年 Ozoil 等将分割后的 14 枚牛胚分别装入备用透明带，立刻移植给 14 头受体，结果 9 头妊娠，其中 6 头妊娠同卵胚胎。1982 年 Wmiam 分割受精后第 5.5~7 天牛胚胎，将半胚移植到黄牛子宫角，在 9 头妊娠牛中 6 头产双犊。1983~1984 年，Lengen、Willadsen 等移植牛冷冻半胚取得成功。1984 年 Gatica 等简化了操作方法，先切开透明带，取出细胞团，用玻璃针一分为二，再将半胚分别移入备用透明带中，直接移植 17 只受体，有 9 只妊娠，其中 7 只双胚。1986 年，Voekel 等的研究表明，分割牛晚期桑椹胚和囊胚，装与不装透明带对其半胚的体内存活率无明显影响。这说明在晚期桑椹胚以后，牛的二分胚在子宫内发育，透明带并不是必不可少的。从而简化了胚胎分割程序。此外在马、猪等家畜也获得了遗传上完全相同的同卵双生后代。

我国学者也进行了胚胎分割移植试验研究，并取得了比较理想的成果。1987 年，窦英忠对奶牛胚胎进行 1/2 和 1/4 分割，移植后妊娠率为 50%。桑润滋等对奶牛胚胎分割，裸半胚成双移植，妊娠率为 56.1%，双胚率为 34.6%。迄今，胚胎分割技术已在小鼠、家兔、绵羊、山羊和牛等动物获得成功。

七、胚胎克隆

胚胎细胞核移植是胚胎克隆的最有效方法。1952 年，Briggs 等将蛙胚细胞核移入核失活后的受精卵中并发育成个体，首次在两栖动物获得成功，后来有人将青蛙肠系膜上皮细胞核经卵核移植成功地发育成个体。1981 年，Illmensee 和 Hoppe 最早进行了哺乳动物的核移植，首次获得了核移植小鼠，并证明小鼠的内细胞团（Inner Cell Mass，ICM）细胞核具有发育全能性。此后，不同学者又分别以去核次级卵母细胞、去核第一次成熟分裂末期（Telophase）的卵母细胞为核受体进行胚胎细胞核移植的研究，均未获得理想结果。1983 年，McGrath 和 Solter 等利用显微操作技术与细胞融合技术，创造了全新的核移植方法。直到 1993 年 Cheong 采用去核第二次成熟分裂中期（Mn）卵母细胞为核受体，成功地移入 G 期 2- 细胞、4- 细胞与 8- 细胞胚的核，均获得核移植后代，并使核移囊胚发育率达 77.8%。1988 年，Stice 和 Robel 首次以兔的去核 M Ⅱ 期卵母细胞为核受体，采用电融合方法引入 8- 细胞期胚核构建核移胚胎，首次得到 6 只（6/164）核移植兔。1990 年 Heymar 等以兔冷冻桑葚胚胎卵裂球作为核供体也得到了核移植后代。1986 年，Willadsen 首次成功获得绵羊核移植胚；1989 年，Smith 和 Wilmut 以绵羊 16- 细胞期胚细胞和 ICM 细胞为核供体，以去核 M Ⅱ 卵母细胞为核受体，得到来源于 16- 细胞期胚细胞和 ICM 细胞的核移植个体，首次证明绵羊 ICM 细胞的核仍具全能性。同年，Prather 等采用原核交换的方法首次获得了 7 头核移植仔猪（7/56）。1987 年，Prather 等使用去核 M Ⅱ 卵母细胞质为核受体、首次构建牛核移植胚，经中间受体（绵羊）体内培养后，6.4%（23/357）发育至桑葚胚或囊胚，移植给受体，首次获得两只来源于 8- 细胞至 16- 细胞期胚胎卵裂球的核移犊牛。随后许多学者用相似的方法均获得成功，使牛核移植程序逐步得以完善，构建率逐步提高，且部分应用于商业化生产。业已证明，牛的 8- 细胞至 16- 细胞期、16- 细胞至 64- 细胞期 .（胚龄 5.0~6.5 d）的胚细胞以及囊胚的 ICM 细胞（IVF 7~9 d）的核都可支持核移胚胎发育至正常个体，具有发育的全能性。Ushijima 将 16- 细胞期 IVF 胚细胞核移植入 IVM 卵母细胞质，获得了与体内发育胚细胞构建核移胚相似的构建效率（9.4% 对 12%），并得到了 "IVF 胚 +IVM 卵母细胞" 的核移植犊牛。Bondioli 和 Westhusin 等比较了以冷冻牛胚和新鲜牛胚为核供体的核移植效果，结果表明两种核移胚的融合率、构建率无显著差别。只是冷冻胚胎解冻后约有 15% 的卵裂球崩解，进而减少了从一个胚胎获得可用细胞数。在牛胚胎的连续核移植研究方面，目前已得到七代克隆胚胎、三代克隆犊牛。1986 年，McGrath 和 Solter 首先进行了不同种间小鼠受精卵原核互换试验。1992 年，Wolf 和 Kracemer 获得了不同属间（野牛 × 家牛、山羊 × 家牛）的核质杂交囊胚（1.9%、1.2%）。

1990 年，国内杜森以 16- 细胞期胚胎分裂球为核供体获得我国首例核移植兔。张涌等首次获得山羊核移植后代，发现山羊 4- 细胞至 32- 细胞期的胚胎卵裂球为核供体的重组胚发育率无差异（4- 细胞为 57%、8- 细胞为 60%、16- 细胞为 63%、32- 细胞为 63%），并确立了山羊胚胎细胞核移植的基本程序和一些基本参数。陈乃清、赵浩斌等（1996）以猪 4- 细胞至 8- 细胞胚卵裂球为核供体进行核移植，获得了后代（5/61）。李雪峰和谭丽玲等（1996）用体外受精和体外培养发育到 8- 细胞期和 32- 细胞期牛胚胎的卵裂球进行核移植，获 1 头克隆犊牛。梅祺和邹贤刚（1993）以小鼠早期胚胎为供体细胞核，兔去核卵母细胞为受体细胞，获得不同目间核质杂交的囊胚。1999 年陈大元等报道，大熊猫体细胞供体核在兔的卵母细胞质中可去分化。2005 年，胚胎克隆波尔山羊在天津出生，并于 2007 年成功繁育了两只羊羔。2008 年，世界首例水牛冷冻胚胎克隆也于广西诞生，标志着我国的胚胎克隆技术发展迅速，有些方面已达到国际领先水平。

八、胚胎干细胞

1981 年，Evans 和 Kaufman 从延迟着床的小鼠胚胎中首次分离得到了胚胎干细胞（Embryonic stem cells，ESCs）.同年，Martin 也从囊胚的 ICM 中分离得到小鼠的 ESCs。1991 年，Matsui 等和 Resnick 等分别发现了用原始生殖细胞（Primordial germ cells，PGCs）培养分离小鼠 ES 细胞的新途径。1988 年 Doetschman 等建立了仓鼠的 ES 细胞系，1994 年 Wheeler 和 Robert 的研究小组分别用胚胎培养和 PGCs 培养法获得了猪的 ESCs，1996 年 Thomson 等获得了猴子的 ESCs。其他家畜 ESCs 的分离培养比小鼠难，但也取得较大进展，绵羊、牛、水貂、家兔和山羊等相继获得类 ESCs，即这些细胞在嵌合体中的分化潜力有限，不能分化生殖干细胞。人 ESCs 的分离在近几年来取得突破性进展，1998 年美国威斯康星大学的 Thomson 等和以色列科学家合作，从人的体外受精囊胚中分离得到了 ESCs。同年，约翰霍普金斯大学的 Gearhart 等从流产 5~9 周龄胎儿的 PGCs 细胞中分离得到全能性干细胞。

我国在 ESCs 方面的基础研究起步较晚，但发展迅速。1989 年尚克刚等、1990 年丛笑倩等分别建立了小鼠的 ES 细胞系，并得到了嵌合体小鼠。赖良学等建立了兔的类 ES 细胞系，传至 7 代，并得到一只皮毛嵌合体。1995 年窦忠英等分离克隆出牛类胚胎干细胞，窦忠英等将源于牛早期胚胎内细胞团的牛类 ESCs 最高传至 6 代；2000 年将源于牛原始生殖细胞的类胚胎干细胞最高传至 15 代。桑润滋、韩建永等分离克隆出源于山羊早期胚胎内细胞团的山羊类 ESCs 并传至 4 代；韩建永、桑润滋等分离克隆出源于山羊原始生殖细胞的类胚胎干细胞并传至 5 代。中国科学院上海生命科学研究院生物化学与细胞生物学研究所和中中国农业科学院畜牧研究所已开始猪 ESCs/EGCs 细胞的研究，北京大学干细胞中心已开始人 ESCs/EGCs 的研究并取得一定进展。中国人民解放军军事医学科学院的研究人员发现了人胚胎干细胞素。并经过两万病例的临床应用后，发现了人胚胎干细胞分泌素能刺激骨髓造血、刺激细胞增生，可用于再生障碍性贫血的治疗；刺激白细胞的再生，提高人免疫力，可望用于艾滋病的治疗；可以改善脑组织代谢功能，加快脑血管意外后遗症的恢复等。

九、转基因技术

早在 1974 年，Jaenisch 等将用病毒 SV40 转化的小鼠早期胚胎移植到小鼠的子宫内，在小鼠的后代中检测到 SV40 基因的存在，这是最早有关动物转基因的报道。1980 年，Gordon 等首次采用受精卵原核显微注射方法，将重组 DNA 导入小鼠受精卵，首次获得了带有外源基因的转基因小鼠，这一尝试开辟了转基因动物研究的先例，确证了外源基因可以通过这种方法整合到宿主基因组中，从而为以后的研究工作开辟了一条崭新的途径。1982 年，Palmiter 获得"超级"转基因小鼠，在生命科学领域引起轰动，并证实：①融合基因可以在宿主体内得到有效正确表达；②表达产物可以在宿主动物内行使功能。这一系列的成功，引起了众多研究者对培育转基因经济动物的极大兴趣。

按照研究转基因小鼠的思路，1985 年 Hammer 等成功地制作了转基因兔、绵羊和猪。随后，又依次获得了乳腺表达人 α1- 抗胰蛋白酶（Alpha-1 antitrypsin，AAT）基因的绵羊、能表达 INF 基因的转基因小鼠、奶中含有人乳铁蛋白的转基因乳牛、奶中能分泌抗胰蛋白酶的转基因山羊、能产生人血红蛋白的转基因猪和具促衰变因子（Decay acceleration factor，DAF）基因的转基因猪等。特别是 1997 年，英国 RoslirI 研究所克隆羊多莉诞生，突破了有性生殖的框架，表明高等动物也可以由无性生殖来繁殖。同年，美国 PPL 公司和 Roslin 研究所合作，利用该法生产出具乳腺表达人第九因子的绵羊。1998 年，Cibell 与 Wilmut 等分别得到转基因克隆牛和表达治疗人血友病的凝血因子 IX 的转基因克隆绵羊。目前转基因克隆绵羊能高水平地表达人凝血因子 IX，开创了转基因克隆动物技术研究的先河，为转基因克隆动物的制作展示了技术的可能性。

近年来，利用转基因克隆技术又获得了首批克隆猪、体内含有外源基因的转基因猪、体内有两个基因被"关闭"的转基因克隆猪和基本不含人体免疫排斥基因的"基因敲除"克隆猪等。而随着性腺注射介导的转基因、转入 RNA 干扰基因、基因打靶结合克隆的定点整合转基因和基因的条件表达转基因技术等新方法的发展，转基因动物的研究更是突飞猛进。

我国于 1984 年开始转基因动物的研究，并于当年最先获得了含人 B- 酪蛋白基因的转基因小鼠。利用显微注射法，1985 年和 1986 年又分别获得了含人生长激素（MT-hGH）基因的转基因小鼠。1987 年获得含有大肠杆菌 *galk* 和 *gpt* 基因的转基因小鼠。以后又相继获得了含 HBgAg 乙型肝炎表面抗原基因的转基因兔、转基因猪、含 EPO 基因和人乙型肝炎表面抗原基因（HBgAg）两种乳腺特异性表达的转基因山羊、含人凝血因子 IX 的转基因山羊（1998）、含人血白蛋白基因的转基因奶牛（1999）、含生物蛋白基因的转基因鼠，实验证明该基因在乳腺中可以表达（2000）。

第二节　体内胚胎生产技术

体内胚胎的生产是对供体母畜进行超数排卵，待发情后用优秀种公畜的精液进行人工授精，然后采集胚胎的过程。

一、供体母畜的选择

供体母畜须是健康的，应具备遗传优势，在育种上有价值；应选择生产性能高、经济价值大的母畜作为供体；具有良好的繁殖能力和生殖机能正常；易配易孕，没有遗传缺陷；营养良好，体质健壮。供体日粮应全价，并注意补给青绿饲料，使供体母畜膘情适度，不要过肥或过瘦。

二、超数排卵

一头优良母畜的卵巢内有成千上万个生殖细胞，但在一个正常周期内只有几个卵同时发育，最终只有一个或几个卵泡成熟并排卵，而像牛这样的单胎动物，只有一或两个卵泡成熟排卵，而其他卵泡会逐渐闭锁、死亡。因此，一头良种母牛一生也只繁殖十多个后代，大部分时间用于妊娠和哺乳。如果能让良种母畜卵巢上更多的卵泡成熟排卵，进而利用生产力低下的同种母畜进行"借腹怀胎"，那么优良母畜可以获得后代的数目至少增加几倍到几十倍。

应用外源促性腺激素诱导卵巢多个卵泡发育，并排出具有受精能力卵子的方法，称为超数排卵，简称"超排"。超数排卵技术既是重要的发情调控技术，又是胚胎移植的重要组成部分，其目的是为了得到更多的胚胎。诱使单胎家畜产双胎也是超数排卵的目的之一。

（一）超数排卵原理

雌性哺乳动物发育到胚胎后期，卵巢中生殖细胞的数量急剧增加，形成大量的卵原细胞，其中有一部分进一步发育为初级卵母细胞。动物出生后，卵细胞的数量就不再增加，但储存数量相当可观。随着年龄的增长，这些卵细胞不断退化，到性成熟时大部分已消失，但卵巢上仍有相当数量的卵原细胞和初级卵母细胞存在。例如，狗有 70 万个，年轻母牛有 5 万~7.5 万个，大鼠可达 26 万个。正常情况下，动物卵泡的生长发育呈现卵泡波的特征：即一组卵泡被征集发育，其中一个或数个确立为优势化卵泡继续生长发育，并明显抑制其余卵泡，使之生长减弱，最终导致闭锁。而卵泡的这种征集是由于获得了对促性腺激素的反应能力。因此，家畜在一个性周期会同时有一组卵泡开始发育，但最后只有一部分卵泡发育成熟。兔、猪可以有几个到十几个，牛一般只有一个卵母细胞成熟而从卵巢中排出，其他卵泡则成为闭锁卵泡，所以，卵巢中有大量的卵细胞并未得到利用。用人工的方法，例如注射某些激素，可以促使更多的卵泡相继生长并成熟、排卵，这就是超数排卵的基础。可以对卵巢产生作用并能引起卵子成熟和排卵的激素主要有黄体酮、雌二醇、促卵泡激素（FSH）、促黄体激素（LH）、促性腺激素释放激素（GnRH）等。这些激素对卵巢的作用有相同之处，但也有差别。有研究表明，人为地升高 FSH 的浓度将导致被征集卵泡体积变大、数目增多。因此，在动物发情周期的一定阶段注射外源 FSH 或 PMSG（孕马血清促性腺激素）就可以使更多的卵泡同时发育为优势化卵泡，之后，再在内源及外源促黄体素及雌激素的作用下全部排卵。1927 年，科学家首先发现了超数排卵现象，即在小鼠和大鼠上做了垂体前叶组织的肌肉埋植实验，结果从输卵管中回收了 60 多个卵，是正常数的 4~5 倍。1930 年，Cole 和 Hart 发现孕马血清可使未成熟的大鼠超数排卵，以此奠定了超数排卵的基础，至今仍在家畜中广泛应用。此后的大量研究证明，引起家畜超数排卵的物质是与生殖生理有关的激素或促激素，并且较深入地了解了引起卵成熟和排卵的机理，使超数排卵技术广泛应用于家畜繁殖。各类激素和促性腺激素虽然都具有独特的生理功能，但他们都不是单独影响机体，而是相互促进、相互制约。FSH 的主要功能是促进卵泡的生长及发育，再加上少量的 LH 就能进一步刺激卵泡生长、成熟和产生雌激素。性腺分泌的雌激素再刺激垂体，使 LH 的分泌量增加，在大量的 LH 和少量的 FSH 的作用下引起卵巢排卵。在 LH 的刺激下，黄体生成、发育并分泌黄体酮。黄体酮刺激子宫内膜生长，为胚胎的着床和维持妊娠创造条件。在这一过程中，雌激素的参与同样也是不可缺少的。各类激素的协调作用，促使家畜完成繁衍后代的功能。诱导家畜超数排卵要注射外源激素，其目的也是人工使动物体内的激素水平达到阈值，从而诱发卵的成熟和排放。

（二）超数排卵的方法

1. 母牛

（1）FSH 超排法。

在发情周期（发情当天为 0 d）.第 9~13 天中的任意一天开始肌内注射 FSH。可选用国产纯化 FSH 7~10 mg，其他厂家的 FSH 320~400 IU，分 8 次用减量法或等量法肌内注射。通常，在注射开始后第 3 天早晚，各肌内注射一次前列腺素（氯前列烯醇 0.4 mg／次），也可仅注射一次前列腺素。约 48 h 后供体母牛发情。观察到供体母牛发情后，按常规输精对超排供体牛输精需 2~3 次，间隔 12 h 输精，仅 1 次输精时在发情静止后 18~24 h，每次用 2 份剂量。

（2）PMSG 超排法。

在发情周期第 11~13 天中的任意一天肌内注射 1 次即可，总量为 2 000~3 000 IU，或按每千克体重 5 IU 左右确定 PMSG 总剂量，在注射 PMSG 后 48 h 和 60 h，分别肌内注射 PGF2α 1 次，剂量 0.4 mg/次。由于 PMSG 分子量较大，在体内半衰期长，而且易使母畜体内产生抗体，影响卵泡的发育。故不少人在使用 PMSG 后 2~3 d 再注射抗 PMSG 抗体（anti-PMSG），以缩短其起作用时间（母牛出现发情后 12 h 再肌内注射 PMSG 抗体，剂量以能中和残留的 PMSG 活性为准）。

（3）PVP(Polyvinyl pyrrolidone，聚乙烯吡咯烷酮)+FSH 法。

FSH 的超排效果虽然优于 PMSG，但因其半衰期短，必须进行多次注射方

能起作用，程序烦琐。由于 PVP 是大分子聚合物（分子量为 40 000~700 000），
用 PVP 作为 FSH 的载体，和 FSH 混合后注射，可使 FSH 缓慢释放，从而延长
FSH 的作用时间，一次性注射 FSH 即可达到超排的目的，便于在生产中推广应
用。研究表明，FSH 制剂用 PVP 溶解进行一次注射超排时，其半衰期为 5 h 左右。
Smith 等在 1973 年最早将此法用于肉牛的超排，以后许多学者对此方法进行了改
进。1994 年 Yamamoto 等在经产母牛发情周期的第 9~13 天，将 30 mg FSH 溶于
10 mL 30% PVPK-30（分子量为 40 000），一次肌内注射，第 7 天或第 8 天用非手
术法采集胚胎，结果每头平均获胚胎 9.4±4.1 枚；而将 FSH 溶于盐水中的对照组，
头均获胚胎为 0 枚。Take-domi 等（1995）采取 30 mg FSH 分别溶于 4 mL 50%
PVPK-30（分子量为 40 000）和 25% PVPK-90（分子量为 360 000），对荷斯坦牛
进行超排，结果头均可用胚胎分别为 4.3±2.4、5.0±2.1 枚；与 3 d 6 次注射 FSH（溶
于生理盐水）组相比，获得头均可用胚胎的数量（6.0±2,5 枚）接近；而一次
单独注射 FSH（溶于生理盐水）组，5 头牛仅获得 1 枚胚胎。实验表明，将 FSH
溶于 PVP 载体中一次注射，可用于家畜的超排，但 PVP 的最佳分子量和浓度等
均有待进一步探索。

（4）CIDR 结合外源促性腺激素法。

CTDR（黄体酮阴道硅胶栓）是 20 世纪 80 年代开发的促动物发情产品。使
用 CIDR 可以将母牛的同期发情和超数排卵结合起来，使超排程序不受供胚牛
发情周期等因素影响（发情当天除外），超排效果可靠，同期发情时间一致，便
于受体牛同步发情处理和新鲜胚胎移植。如 CIDR+FSH+PG 法，在供体阴道内
放入第 1 个 CIDR，10 d 后取出，同时放入第 2 个 CIDR，5 d 后开始注射 FSH，
或给供体放入第 1 个 CIDR 后 9~10 d 开始注射 FSH，连续递减剂量注射 4 d（8
次），在第 7 次注射 FSH 时取出 CIDR，同时注射 PG（前列腺素），一般在取出
CIDR 后 24~48 h 发情。乔海生（2005）采用 CIDR+GnRH+FSH+PGF 法也取得
了比较可靠的效果。韩志强（2006）比较了国产"牛欢"和 CIDR 诱导牛同期
发情和超数排卵的效果，研究表明，牛欢 +EB（苯甲酸雌二醇）+P4（黄体酮）和
CTDR+EB+P4 处理的效果差异不显著。

2. 母羊

（1）FSH 减量注射法。

供体羊在发情后第 12~13 天开始肌内注射 FSH，早晚各一次，间隔 12 h、分

3 d 减量注射。使用国产 FSH 总剂量为 200~300 IU。供体羊一般在开始注射后第 4 天表现发情，发情后静脉注射（或肌注）LH 75~100 IU，或促性腺激素释放激素类似物 25~50 μg。

（2）PMSG 注射法。

在发情周期第 11~13 天，一次肌注 PMSG 1 000~2 000 IU，发情后 18~24 h 肌注等量的抗 PMSG 或配种当天肌注 HCG（人绒毛膜促性腺激素）500~750 IU。也可用 PMSG 与 FSH 结合用药进行超数排卵处理。

（3）FSH+PG 法。

在发情周期第 12 天或第 13 天开始肌内注射（或皮下注射）FSH，以递减剂量连续注射 3 d（6 次），每次间隔 12 h，第 5 次注射 FSH 同时肌注 PG。FSH 总剂量国产为 150~300 IU，FSH 注射结束后每天上、下午进行试情。超排处理母羊发情后立即静脉注射 LH 100~150 IU。山羊的超数排卵用 FSH 处理可在发情周期第 17 天开始，FSH 剂量 150~250 IU；用 PMSG 超排可在发情周期的 16~18 d 开始，剂量 750~1 500 IU。

（4）PVP+FSH 法。

国内用于绵羊和山羊的超排，一次肌注与多次肌注 FSH 具有相同的效果。据曾培坚等报道，分别用 7.5 mg（中科院动物所产）、250 IU、300 IU（武汉生物制药厂产）FSH 溶于 10 mL 15% PVP，于性周期第 12~13 天对中国美利奴羊军垦型 9 岁淘汰母羊进行一次超排，结果头均获胚分别为 5.00、4.67 和 5.00 枚。李键等用 30% PVP 溶液稀释 FSH 后一次注射总剂量超排处理波尔山羊与 FSH 递减法多次注射对比，分别获得可用胚 22 ± 1.0 枚和 19.0 ± 11.1 枚，差异不显著。实验表明，将 FSH 溶于 PVP 载体中一次注射，可用于家畜的超排，但 PVP 的最佳分子量和浓度等，有待进一步试验研究。

（5）CIDR 结合外源促性腺激素法。

利用 CIDR 把母畜的同期发情和超数排卵结合起来的方法，可以排除供体母畜生理状况对超排的影响，同时超排效果也比较可靠。如桑润滋（2005）采用 CIDR+FSH+PG 法对 204 只波尔山羊进行超排处理，即在供体羊发情周期的任意一天，在阴道放入第 1 个 CIDR，第 10 天取出，并放入第 2 个 CIDR，于放入第 2 个 CIDR 第 5 天开始，连续 4 d 注射 FSH（2 次 /d），并于放入第 2 个 CIDR 第 8 天取出 CIDR，同时肌内注射 PG 0.1 mg。经该法处理后，采胚成功率为 92.16%、头均获胚 16.68 ± 7.89 枚、头均可用胚为 14.11 ± 8.37 枚的。

3. 母兔

（1）FSH 减量注射法。

皮下注射 FSH 3 d（6 次），每次 10~12 IU。在开始处理后第 4 天上午，静脉注射 HCG 或 LH，并进行输精。如用中国科学院动物研究所的纯化 FSH，其注射总量为 0.76 mg，依次为 0.18 mg × 2、0.12 mg × 2、0.08 mg × 2。

（2）PMSG 一次注射法。

一次注射 PMSG 50~60 IU，在处理后第 4 天上午输精，并结合静脉注射 HCG 或 LH。

（3）PMSG 结合 FSH 一次注射法。

在注射 PMSG 的同时，皮下注射 FSH 以提高 PMSG 的超排效果。

4. 母猪

猪是多胎动物，其超排的意义远不如单胎动物大，因而过去国内外对猪超数排卵的研究不多。近年来，随着各种现代高新繁殖技术，如显微注射转基因、细胞核移植等在养猪科研和生产中的应用，猪超数排卵技术受到一定程度的重视。目前，母猪超排所用激素主要是 PMSG，有三种给药方式：①只肌注 PMSG；②肌注 PMSG（500~2 000 IU）后，72~96 h 后再肌注 HCG（500~750 IU）；③同时肌注 PMSG 和 HCG。对初情期的母猪，在性周期第 15 天或第 16 天注射 PMSG，超排效果较好。在 PMSG 注射后 72~96 h 注射 HCG，可增加发情母猪数。

（三）影响超数排卵效果的主要因素

超数排卵的效果受动物的遗传特性、体况、营养状况、年龄、发情周期阶段、产后时期长短、卵巢功能、季节、重复超排以及激素的品质和用量等多种因素的影响，很不稳定。

1. 激素种类和纯度

超排用激素是影响超排效果的主要因素。FSH 和 PMSG 是目前超排处理的常用激素，由于 PMSG 的效果在某些家畜超排中不如 FSH 稳定，现在多倾向于使用 FSH。激素制品都存在着生产厂家之间和批次之间的差异，质量和效价不稳定，纯度及所含 LH 活性成分的多少，都会直接影响超排效果。据报道，用重组牛 FSH（bFSH）对牛进行超排时，最佳方案平均获胚胎 12.4 枚，可用胚 11.0 枚，可用率为 88.7%，但当用猪脑垂体提取 FSH（FSH-P）进行超排时，最佳方案头平均获胚胎 12.16 枚，可用胚 6.72 枚，可用率为 55.3%，而且 bFSH 超排牛的 A 和 B 级胚胎比率也高于 FSH-P 超排牛。不难看出，尽管就平均获胚胎数而言，bFSH（12.4 枚）和 FSH-P（12.16 枚）几乎相等，但二者的可用胚率（88.7% 对 55.3%）却相差很多。分析这种差别的主要原因，一是 bFSH 结构和性能与牛内源性 FSH 完全相同，二是 bFSH 不含其他诸如 LH 类的促性腺激素。目前加拿大生产的超纯度 FSH（商品名为 Follitropin）是比较理想的牛用超排药物。国产激素只要达到一定纯度，超排效果可与进口产品媲美。据报道，用不同产地的 FSH 对 111 只波尔山羊进行超排，中国科学院产的 FSH 与进口产品具有类似的超排效果，这有利于超排成本的降低和在实际生产中的推广应用。

2. 品种与品系

不同品种或同一品种的不同品系，对超排处理的反应也不相同。郭志勤等用 FSH（中科院动物所产）对荷斯坦奶牛、安格斯肉牛和西门塔尔牛进行超排，结果显示，安格斯肉牛的超排效果最好。许斌等的试验表明特克赛尔羊的超排效果优于萨福克羊。

3. 年龄和胎次

通常，年龄和胎次是并行增长的。动物的年龄和胎次对其超排效果有重要影响。Hasler（1983）比较各年龄母牛初次超排效果，发现 3~10 岁间母牛平均获胚胎数优于其他年龄段的母牛，说明发育完善的卵巢是获取良好超排效果的基础。据马保华等报道，奶山羊平均超数排卵数随胎次增高而增加，3~8 胎则随胎次增高而下降，可能是因为胎次越高，动物的卵巢机能下降，对超排反应的敏感性随之降低。

4. 产后间隔

产后间隔对超排效果的影响非常明显。一般情况下，出于经济原因，都想在母畜分娩后尽早进行超排处理，但效果往往并不理想。

如生产上母牛产后 45 d 一般即可进行配种，但此时若进行超排显然太早。一般在产后第 60~120 天进行超排的效果略好于 60 d 前和 120 d 后。

5. 卵巢状态

母牛排卵侧的黄体发育较好、对侧卵巢的质地有弹性、大小相似时，超排效果较好。超排处理前具有 A 级黄体的供体牛，超排后的黄体数、回收卵数和可用胚胎数均高于 B 级和 C 级。因此，用直肠检查可以初步预测供体母牛的超数排卵处理效果。

6. 发情阶段

在发情周期不同阶段进行超排处理，其效果不一样。如对供体牛在发情周期第 8~14 天进行超数排卵，其中在 10~12 d 的超数排卵效果较好，超数排卵的黄体数较多。

7. 重复超排

对优良种母畜进行重复超排，是充分挖掘良种母畜的遗传潜力和提供大量优质胚胎的重要手段。研究表明，重复超排的关键是间隔时间和重复超排的次数。

超排处理对母畜是一次极大的应激，重复超排次数增多、间隔时间变短，可能会使供体母畜产生对促性腺激素的抗体。处理后母畜要有一个恢复的过程，使其体内的激素调节等生理功能重新趋于正常。郭志勤等研究表明，供体母牛 1 年超排 4 次，每次间隔 2~3 个月，对超排效果无明显影响。卢全晟等（2003）试验表明，供体母牛连续超排 8 次，各次超排组间采卵数与 A 级胚胎数有上升的趋势，而可用胚胎率有下降的趋势。通常，牛的超排间隔以 60~80 d 较好。

在母羊的重复超排中，由于重复的外科手术采集胚胎，造成生殖器官粘连，因而随着重复超排次数的增加胚胎产量明显下降。但桑润滋对 26 只波尔山羊以 12 个月的间隔时间重复超排，结果第 2 次超排效果比第 1 次还好。此试验说明，采取延长超排间隔时间，生殖器官尽管存在粘连现象，但并不影响繁殖机能，仍能获得较好的超排效果。用激素对家畜进行超排处理，容易产生激素抗体，因此，在对家畜重复超排中，对那些超排效果不好的家畜可以逐次增加激素用量。据报道，在波尔山羊重复超排中，对效果差、排卵数少的供体，FSH 剂量逐次增加 15% 能取得较好的效果。

8. 营养状况

对于那些体况差的母畜，在配种前加强营养可有效地提高繁殖率，这种技术已在生产实践中广泛应用。由于促性腺激素提供了排卵前卵泡发育的主要动力，所以早期的许多研究证实，通过营养及相应的代谢信号作用于下丘脑－垂体轴调节促性腺激素的分泌，可以影响卵巢的功能。在短期内增加日粮的摄入对卵泡有明显的作用。Gutierrez 等研究表明，青年母牛用 200% 的维持日粮饲喂 3 周将明显提高小卵泡的数量，增加 FSH 对排卵前大卵泡数量的作用及排卵率；外周血中胰岛素及 IGF-I 浓度提高，改变了小卵泡中颗粒细胞和膜细胞 IGF 结合蛋白

MRNA 的表达。张俊功等（2001）试验表明，高饲养水平组的供体奶牛头均获胚数和可用胚胎数明显高于低饲养水平组牛，但胚胎可用率两组差异不显著。也有研究认为，日粮摄入过量对卵母细胞的发育及早期胚胎的发育不利。因此，营养代谢、激素与繁殖过程相互间的关系十分复杂，需要进一步研究。

9.季节

季节影响实际上是气候、湿度、气流、光照等自然环境条件的影响及随之而来的饲料类型和日粮组成的改变。对于繁殖有季节性的品种来说，在繁殖季节的超排效果好于非繁殖季节。而对于非繁殖季节的品种来说，秋冬季节超排的效果好于其他季节，但差异不显著。由于不同地区，同一季节的特征并不相同，家畜感受的刺激也不同。因此，在实际生产中要因地制宜，不可盲从；同时，要避免极端刺激（如严寒、酷热等）对超排效果的影响。

三、胚胎的采集

胚胎的采集是指在配种或输精后的适当时间，从超排供体回收其胚胎，以准备给受体移植，简称采胚。采胚的数量与采集时间、方法和捡胚技术均有一定关系。

（一）采胚时间

一般将配种当天定为 0 d，由配种后第 2 天开始计算采胚天数。根据采集目的的不同，决定在第几天采胚。采集时间不应早于排卵后第 1 天，亦即最早要在发生第一次卵裂之后，否则不宜辨别卵子是否受精。一般是在配种后 3~8 d，发育至 4~8 个细胞以上为宜。就母牛而言，一般在第 1~4 天可由输卵管采到 16- 细胞以前的胚胎，第 5~8 天可以由子宫采到桑椹胚和囊胚。采胚的时间依据胚胎在生殖道内的发育情况及移行速度决定。由于动物种类不同，早期胚胎的发育速度和到达子宫的时间也各有差异，就是在同一物种也可因研究者不同，其采胚时间也有差异。

（二）采胚方法

目前家畜胚胎的采集方法可分为手术采胚法和非手术采胚法。大家畜（如牛、马）的胚胎多采用非手术法，但在 20 世纪 70 年代中期前，牛胚胎采集最成功的方法是通过手术法，由 Hunter 于 1955 年在绵羊胚胎采集时所使用的方法发展而来。绵羊、山羊、猪和其他中小动物则因受解剖特点的限制，多采用手术采胚法，但近年来在羊和猪胚胎的采集中也有关于非手术法采胚的报道。胚胎的回收率与采胚方法有关，通常非手术法的采胚率要比手术法低 10% 左右，但因其具有简单、节省费用且便于在农场中操作等特点，因而被广泛应用于实践中。胚胎回收时间应根据所需要的胚胎发育阶段来定。不论用哪种方法，一般采集的胚胎数只相当于黄体数的 40%~80%。

1. 牛胚胎采集

（1）手术法。

①母牛保定母牛保定可以采用两种方法，一种用全身或后躯麻醉，母牛进行仰卧保定；另一种用局部麻醉，使母牛站立于六柱栏中保定。两者的保定均为前低后高的姿势。

②麻醉全身麻醉可用普鲁卡因、酒精等；局部后躯麻醉用普鲁卡因、利多卡因进行腰椎或尾椎硬膜外腔注射，手术部位再以利多卡因做皮肤浸润麻醉。

③手术部位仰卧保定母牛，在乳房至脐孔之间的白线上剖腹，切口长约 10 cm。

④采胚目前手术法采胚有以下 3 种方法。

A. 输卵管冲胚法。

用注射器的磨钝针头刺入子宫角尖端，注入冲胚液，然后从输卵管的伞部接取冲胚液，当胚胎还处于输卵管或刚进入子宫时采用（排卵后 4 d 以内）（图 10-1）。冲胚液的用量为 10 mL。

B. 子宫角冲胚法。

当确认所有胚胎已进入子宫角内，可采用此法。一种方式是从子宫角上端注入冲胚液，由基部接取；另一种方式是由子宫角基部注入冲胚液，由子宫角上端接取（图 10-2）。其冲胚液的用量依子宫角容积大小而不同，一般为 30~50 mL。

C. 输卵管 – 子宫角冲胚法。

此法就是把上述两种方法结合使用，可把输卵管和子宫角的胚胎都冲洗出来，因此能够获得较高的采胚率。

图 10-1　从输卵管回收胚胎　　　　图 10-2　从子宫回收胚胎

⑤防止手术部粘连的方法。

不要用金属器械挟持生殖器官。所用手套、棉花、纱布等术前要用生理盐水浸湿，以防黏附于生殖器官上。在生殖器官表面撒涂低浓度肝素液、樟脑油等，以防止其表面附着血或血凝块。缝合要牢固、紧密，防止术后发生疝症。

（2）非手术法。

由于手术法采胚在生产应用中受到限制，目前牛用采胚管进行非手术法采胚，一般在配种后 7 d 进行。

①供体牛的保定。在采胚前牛要禁水禁食 10~24 h，将供体牛在保定架内呈前高后低姿势保定。

②麻醉。采胚前 10 min 进行麻醉。一般采用尾椎硬膜外注射 2% 普鲁卡因，也可在颈部或臀部肌内注射 2% 静松灵，使牛镇静，子宫松弛，以利采胚。

③消毒。采胚前，将母牛外阴部进行冲洗和消毒。

④采胚。为利于采胚管通过子宫颈，在采胚管插入前，先用扩张棒对子宫颈进行扩张（青年牛尤为必要），将采胚管消毒后，用冲洗液冲洗并检查气囊是否完好，然后将无菌不锈钢导杆插入采胚管内（图 10-3、图 10-4）。同直肠把握输精法一样，操作者将手伸入直肠，清除粪便，检查两侧卵巢黄体数。采胚时，将采胚管经子宫颈缓慢导入一侧子宫角基部，由助手抽出部分不锈钢导杆，操作者继续向前推进采胚管，当达到子宫角大弯附近时，助手从进气口注入 12~25 mL 气体，一般充气量的多少依子宫角粗细及导管插入子宫角的深浅而定。当气囊位置和充气量合适时，抽出全部不锈钢导杆。助手用注射器吸取事先加温至 37 ℃

的冲胚液，从采胚管的进水口推进，进入子宫角内，再将冲胚液连同胚抽回注射器内，如此反复冲洗和回收 5~6 次。冲胚液的注入量由刚开始的 20~30 mL 逐渐加大到 50 mL，将每次回收的冲胚液收入集胚器内，并置于 37 ℃的恒温箱或无菌检胚室内等待检胚。一侧子宫角冲胚结束后，按同样方法再冲洗另一侧子宫角。采胚结束后，为促使供体正常发情，可向子宫内注入或肌内注射 PGF。为预防感染，可向子宫内注入适量抗生素。

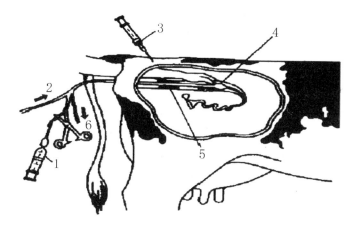

图 10-3　牛非手术法采胚（一）

1. 向冲气囊充气；2. 注入冲卵液；3. 硬膜麻醉；
4. 冲卵管在子宫内；5. 子宫颈；6. 冲卵液出口

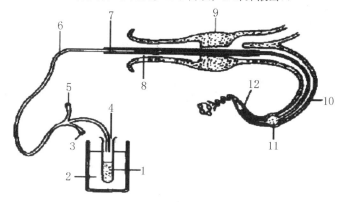

图 10-4　牛非手术法采胚（二）

1. 导出含胚胎的冲卵液；2. 温水；3. 进液口；4. 出液口；5. 冲气口；6. 三路导管；
7. 套管；8. 阴道；9. 子宫颈；10. 子宫角；11. 冲气气囊将子宫角端部封闭；12. 胚胎所在位置

2.羊胚胎采集

羊的胚胎可用手术法和非手术法进行采集，但由于羊子宫颈管道弯曲较多，采胚管通过困难，而且直肠细小，不能通过直肠把握操作子宫，因而在生产中主要采用手术法进行采胚。

①母羊固定。供体羊手术前应禁食24~48 h，只供给适量饮水，最好在手术前天在手术部位剃毛。将供体羊仰放在手术保定架上，四肢固定。

②麻醉。全身麻醉时肌注2%静松灵0.5 mL，局部麻醉时用0.5%盐酸普鲁卡因2~3 mL，在第一和第二尾椎间作膜外鞘麻醉即可。

③手术部位。手术部位一般选择乳房前腹中线部或后肢内侧。将术部剪毛并清洗术部，然后涂以2%~4%的碘酒，待干后再用70%~75%的酒精棉球脱碘。先盖大创巾，再将灭菌巾盖于手术部位，使预定的切口暴露在创巾开口的中部。逐层切开腹壁皮肤、腱膜和肌层。切到腹膜时应避免损伤腹内脏器，用有齿镊子夹住腹肌腱膜和腹膜向上提起，避开血管，用手术刀切开；切开腹膜后，将食指和中指伸入腹腔，在骨盆腔前沿膀胱下触摸子宫角，用两个手指夹持，把子宫角牵引到切口处，再小心地顺子宫角和输卵管把卵巢引出。检查卵巢反应情况，做好详细记录。

④冲胚。如在发情后2~3 d冲胚，可从伞部插入导管，从宫管链接部注入冲胚液5~10 mL 如在发情后6~7 d冲胚，先将导管插入子宫角的基部，再从子宫角的尖端注入冲胚液50~60 mL。冲胚完毕后进行术后处理。

3.猪胚胎采集

猪的胚胎可用手术和非手术两种方法进行采集。

（1）手术法采胚。

①术前准备。术前24 h停止喂食，仅给予饮水。

②麻醉。按2 mg/kg的剂量肌内注射氮哌酮，15 min后，按10 mg/kg的剂量肌内注射盐酸氯胺酮。10 min后，装上与封闭循环式吸入麻醉器连接的面罩，用含有4%氟烷的一氧化二氮：氧气（2：1）的混合气体吸入麻醉。达到手术要求后，将氟烷浓度降至1%~2%，维持该浓度以进行长时间安静手术。手术结束后，仅用适量的氧气，摘下面罩管20~40 min 母猪即可苏醒。

③手术部位。用肥皂水和毛刷洗刷腹部和大腿内侧部，将切口部周围剃毛，水洗后用毛巾擦干。然后涂上手术用聚乙烯吡咯烷酮碘液，并加少量水，用酒精

棉球擦净。从最后一对乳头和耻骨前端的中间，在距肚脐 3~5 cm 的正中线切开皮肤 8~10 cm，沿切口左右分开皮下脂肪，使腹膜暴露出来之后，用钝头剪刀剪开腹膜。用插进切口的手指将子宫角引向切口，从切口处暴露子宫角、输卵管和卵巢，抓住卵巢。

④冲胚。发情 5 d 后冲胚的母猪，用 50 mL 冲洗液冲洗子宫；在发情后 4 d 前冲胚的母猪，则用 5~10 mL 冲洗液冲洗输卵管。

（2）非手术法。采胚预先在距子宫角顶端 7.5~9.0 cm 处和距两角分叉处 0.5~7.0 cm 处分别切断子宫角，然后将子宫角顶端部分与分叉部分缝合起来，人为地缩短了猪的子宫角。经上述处理后的经产母猪可随时进行直肠检查，也可以在站立状态下，不进行麻醉，直接使用气球导管经过阴道、子宫颈进行冲洗，回收胚胎。

4. 兔胚胎采集

兔的胚胎一般采用手术法采集，具体操作步骤如下。

①麻醉。按每千克体重 40~50 mg 的剂量静脉注射异戊巴比妥钠（60 mg/mL），做全身麻醉。

②手术方法。在腹中线第二和第三对乳头间做 3~5 cm 的切口，引出生殖道。

③冲胚。如在输精后 50 h 内冲卵，主要冲洗输卵管，即先从伞部插入一条硅胶管，然后从宫管联结部注入冲胚液 5 mL。如在输精后 72 h 以后冲胚，则需要冲洗子宫，即由宫管联结部向子宫基部注入冲胚液 10~20 mL。

四、捡胚

捡胚就是将冲胚液回收之后，尽快置于放大 10~15 倍的体视显微镜下，检查收集到的胚胎，并迅速将胚胎移至新鲜培养液内，在放大 40~200 倍的复式显微镜下进行形态学观察，选出适合于移植的正常胚胎。形态不正常的胚胎及发育延迟 2 d 以上者，都不可用于移植。将确定发育正常的胚胎收集到细管内，供鲜胚移植或进行冷冻保存。

（一）捡胚前的准备

1. 冲胚液配制

冲胚液常用杜氏磷酸盐缓冲液（PBS）加 5%~10% 的小牛血清、发情牛血清、胎牛血清或阉公牛血清，也可加 0.4% 的 BSA。若用量较大，可先配成不含 Ca^{2+}、Mg^{2+} 的 A 液和含有 Ca^{2+}、Mg^{2+} 的 B 液，分别经高压消毒后再将两者按一定比例混合在一起，然后加入过滤灭菌的血清。若用量较小，可直接将配制好的 PBS 用 0.22 μm 的滤器过滤除菌。配好的 PBS 可在 4 ℃冰箱中保存备用。

2. 回收液处理

在无菌室中，在不低于 25 ℃的环境温度下应用实体显微镜进行捡胚，由于供体母畜冲胚时的回收液数量不等，需要根据不同集液器具采用相应的方法。在捡胚过程中，特别是操作技术不是很熟练时容易造成胚胎的丢失，为防止胚胎丢失通常采用以下几种处理方法。

（1）静置法。

静置法适用于用大气皿收集回收液的捡胚，将双侧子宫角回收的冲卵液分别放入漏斗状的集卵瓶中，室温下静置 30 min。为防止胚胎黏附于瓶壁上，可轻轻转动集卵瓶，促进胚胎与瓶壁的脱离。沉淀完成后，从漏斗下部的乳胶管收集冲卵液，并置于平皿中，用实体显微镜检查。

（2）过滤法。

将双侧子宫角回收的冲胚液用特制的纱网过滤，纱网的网眼为 100~120 目。用带细针头注射器吸取 PBS（不带血清）反复冲洗纱网，将冲胚液集中于平皿中备检。

（3）虹吸法。

将双侧子宫角回收的冲胚液放入量筒中，静止 30 min，使胚胎充分沉降。用乳胶管虹吸的办法除去上层液，把沉降到底部的冲胚液装入平皿中进行检查。然后用一个聚乙烯软管插入回收液的中层，将上层回收液虹吸至另一个器具，留下底层 100 mL 左右，轻轻摇晃几下，使浮在表面的胚胎下沉，再分别倒入平面玻璃皿中镜检。

（4）过滤杯法。

过滤杯是专门为胚胎移植设计的一种特制塑料杯，其侧壁含有尼龙网。当冲胚液进入过滤杯时，胚胎便滞留在杯内。过滤完毕后，用带 20 号针头的注射器吸取 20 mL PBS 冲洗过滤杯侧壁的尼龙网，然后在体视镜显微镜下镜检。

（二）捡胚操作

从输卵管或子宫回收的冲胚液，常常含有大量生殖道分泌物和脱落的上皮细胞，甚至还可能有污染的微生物或子宫内感染的病原，所以，捡回的胚胎需要净化。从回收液中捡胚可用体视镜放大16倍进行镜检，根据器具的形态从上到下、从左至右或从里到外螺旋形依次移动，将找到的胚胎用吸管吸出后放入装有PBS保存液的小皿中，然后将捡出的胚胎移入已备好的含有PBS液滴的小皿中，依次轻轻吸胚、清洗，也可以先吸少量PBS吹向胚胎的周围，使胚胎在液滴中翻腾，清除胚胎周围的粘连物。

五、胚胎鉴定

供体母畜超排处理后，卵巢内的卵泡并非同时排卵，加之超排处理使母畜生殖道的内分泌环境发生变化，回收到的胚胎发育程度有很大的变化。有的卵子可能未受精或受精后退化变性，这就需要对胚胎进行形态学鉴定，选出形态比较正常的胚胎进行移植。在鉴定过程中，胚胎应保持在不低于25℃的环境下，有条件时可在37℃的恒温条件下进行。胚胎活力的最终测试方法为将其移植给性周期同步化的受体，观察受体怀孕和产犊的结果。在实际工作中，需要在移植前对胚胎的质量有较为正确的估计，这对提高胚胎移植的效率有着重要的意义。胚胎评价的标准主要分为两个方面：一方面是胚胎的发育阶段与受精后的时间，即胚胎的发育阶段与回收时期应该达到的发育阶段是否吻合；另一方面是胚胎的形态，即胚胎的发育的形态是否正常。

（一）胚胎发育阶段

受精卵随着日龄的增加，其所处的发育阶段亦不同，所以胚胎的鉴定要考虑到胚龄。通常以母畜发情日为0 d来计算，距发情日的天数即为胚龄。胚胎的正常发育阶段应与胚龄相一致，凡胚胎的形态经鉴定认为迟于正常发育阶段1 d的，一般质量欠佳。

而6~8 d回收的正常胚胎一般具有下述形态。

①桑椹胚：卵裂球隐约可见，细胞团的体积几乎占满卵周间隙。②致密桑椹胚：卵裂球进一步分裂变小，看不清卵裂球的界线，细胞团收缩至卵周间隙的60%~70%。③早期囊胚：出现透亮的囊胚腔，但难以分清内细胞团和滋养层。细胞团占卵周间隙的70%~80%。④囊胚：囊胚腔增大明显，内细胞团和滋养层细胞界线清晰，细胞充满了卵周间隙。⑤扩张囊胚：囊胚腔充分扩张，体积增至

原来的 1.2~1.5 倍，透明带变薄，相当于原来的 1/3。⑥孵化囊胚：透明带破裂，内细胞团脱出透明带。

（二）胚胎形态鉴定标准

胚胎形态可根据以下特征进行鉴定。胚胎的形态和大小是否正常，胚胎内细胞团大小和形态的变化，细胞质的颜色、数量和紧缩程度，透明带的完整性，胚胎内是否出现空泡，有无脱出的细胞，胚胎内有无细胞碎片等。

根据常规的形态学鉴定法可把胚胎分成 A、B、C、D 四个等级。

A 级：胚胎发育阶段与胚龄一致，胚胎形态完整，轮廓清晰，呈球形，分裂球大小均匀，结构紧凑，色调和透明度适中，无游离的细胞和液泡或很少，变性细胞比例小于 10%。

B 级：胚胎发育阶段与胚龄基本一致，轮廓清晰，分裂球大小基本一致，色调和透明度及细胞密度良好，可见到一些游离的细胞和液泡，变性细胞占 10%~30%。

C 级：胚胎发育阶段与胚龄不太一致，轮廓不清晰，色调变暗，结构较松散，游离的细胞或液泡较多，变性细胞达 30%~50%。

D 级：有碎片的卵，细胞无组织结构，变性细胞占胚胎大部分，约 75%。

A、B、C 级胚胎为可用胚胎，D 级为不可用胚胎。

（三）胚胎鉴定方法

移植前正确鉴定胚胎的质量，是移植成功的关键之一。目前鉴定胚胎质量和活力的途径主要有形态学法、短期培养法、细胞荧光法和测定代谢活性法 4 种方法，分述如下。

1.形态学方法

胚胎不像精子那样具有活动能力，其活力的评定主要是根据形态来进行。一般是在 50~80 倍的实体显微镜下或 120~160 倍的生物显微镜下进行综合评定，评定的主要内容如下。

①卵子是否受精，未受精卵的特点是透明带内分布匀质的颗粒，无卵裂球（胚细胞）。②透明带的规则性，即形状、厚度、有无破损等。③胚胎的色调和透明度。④卵裂球的致密程度，细胞大小是否有差异以及变性情况等。⑤卵黄间隙是否有游离细胞，或细胞碎片。⑥胚胎本身的发育阶段与胚胎日龄是否一致、胚胎的可

见结构，如胚结（内细胞团）、滋养层细胞、囊胚腔是否明显可见。

应该指出，形态鉴定在很大程度上是凭经验进行鉴定的，因此往往也带有一定的主观性。另外，细胞的形态和内在的生命力并不完全存在必然的相关性，单靠胚胎的形态不能完全说明其活力。但是由于形态鉴定胚胎方法简单易行，特别是如果观察者经验丰富，此方法还是相当可靠的，正是由于形态学鉴定胚胎有上述优点，在胚胎移植实践中大都采用此方法。

2. 短期培养法

短期培养法就是将待鉴定的胚胎经体外培养观察，看其能否发育至孵化囊胚阶段，从而判断胚胎的死活。体外培养需要一定的设备，花费的时间也较长，同时该方法本身对胚胎的发育就有影响，会干扰鉴定的准确性，所以在生产中采用此方法对胚胎进行鉴定较为困难，难以推广。

3. 细胞荧光法

细胞荧光法即用二乙酸荧光素（Fluorescein diacetate，FDA）和紫外光处理，以鉴定胚胎活力。将二乙酸荧光素放入含有特定的胚胎培养液滴中，培养3~6 min，荧光素进入胚胎后，活细胞内的活性脂酶能将其醋酸根去掉，使荧光素在紫外光照射下发出荧光，这就证明胚胎是活的，否则就是死胚胎。此法比较简单，且能够确切验证胚胎的形态观察结果，对可疑胚胎尤为有效。

4. 测定代谢活性法

测定代谢活性法是通过测定胚胎的代谢活性来鉴定胚胎的活力。该方法是将被鉴定的胚胎放入含有葡萄糖的培养液中，培养 1 h 后，测定培养液中葡萄糖的消耗量。

六、胚胎分割

胚胎分割主要是指借助显微操作技术或徒手操作方法，切割早期胚胎成2、4等份，再移植给受体母畜，从而制造同卵多仔后代的技术，是 20 世纪 80 年代发展起来的一种生物学新技术。胚胎分割是扩大胚胎利用率的一种有效途径。迄今为止，胚胎分割已经在小鼠、家兔、绵羊、山羊、牛、马、猪、猿、猴和人等物种上试验成功。

胚胎分割技术不仅可以使胚胎移植的胚胎数目成倍增加，而且可以产生遗传性状相同的后代，这对畜牧业生产和实验研究（如研究外界环境和条件对动物生长发育影响等）有着重要意义。此外，应用胚胎分割技术还可以控制性别。例如，可以将二分胚胎的一半先进行胚胎移植，另一半冷冻保存。在移植受体分娩在怀孕或期间确定胎儿的性别之后，即可将冷冻的另外一半胚胎解冻、移植，达到控制动物性别的目的。这样就极大地提高了胚胎移植的实际效果。

（一）胚胎分割理论依据

大多数哺乳动物早期胚胎属调整发育类型，去掉早期胚胎的一半，剩余部分仍可发育为一个完整的胚胎。早期卵裂阶段的胚胎，至少在 8- 细胞期以前，每个卵裂球都有相同的发育能力。桑椹胚单个卵裂球的调整发育能力减弱。到晚期桑椹胚时，胚胎发生初步分化：被包围在内的卵裂球和围绕在外的卵裂球分别发育为内细胞团和滋养层。这一时期的胚胎分割后，分离的卵裂球能发挥调整发育能力而重新致密化，使卵裂球重新分布而发育到囊胚。但此后胚胎的调整发育能力减弱，神经轴时期失去调整能力。

（二）分割方法

哺乳动物的胚胎从 2- 细胞期到囊胚期都可以分割并生出后代，对于胚胎分割的方法，主要是根据胚胎发育阶段的不同而异。

1. 早期（2- 细胞至 8- 细胞）胚胎分割（卵裂球分离）

该期多指卵裂球的分离，主要有机械法和化学辅助机械法。

（1）机械法。机械法主要是在显微操作仪的帮助下，在无 Ca^{2+}、Mg^{2+} 的培养液中，用玻璃针使细胞团自透明带中脱出。再用毛细管吹吸胚胎，得到单个卵裂球，将卵裂球装带培养一定时期，移植到受体中。

（2）化学辅助机械法。用链霉蛋白酶消化透明带，再用微吸管吹打分离卵裂球，使卵裂球分散。这种方法不需要显微操作仪，操作简单、易于掌握，目前广为应用。

2. 桑椹胚和囊胚分割

一般情况下，哺乳动物的胚胎分割主要在这一阶段进行。伴随着胚胎分割技术的发展，其分割方法也在向操作简单、快速的方向发展，以下介绍几种胚胎分割的方法。

（1）Willadsen 分割法。20 世纪 80 年代以来，Willadsen 在总结前人经验的基础上，系统确立了胚胎分割的方法，创造出一套独具特点的毛细管分割法，即用固定管吸住胚胎，用玻璃针在透明带上做一切口，用玻璃管把细胞从透明带中吸出，然后用一支只允许一个细胞通过的分离管将细胞分开；将分离的细胞装入透明带中，再用琼脂包埋后移入中间受体进行培养；回收胚胎，去掉琼脂层，将胚胎移入受体动物。

Willadsen 法在分割绵羊的胚胎研究中具有较高的同卵双生率，但缺点是操作程序复杂，又需要琼脂包埋和中间受体培养，胚胎操作环节多，出现意外的机会多，不易于稳定掌握，难以和胚胎移植同时进行，这使其应用受到很大限制。Ozil 在进行牛桑椹胚二分割时，对该法进行了改进，他在分割胚胎并装入透明带后，不进行琼脂包埋和中间受体培养，立即植入受体，取得令人满意的结果。但Ozil 分割法要求显微操作时能同时控制 5 支显微操作玻璃针管，增加了分割胚胎时的操作难度。Gatica 等进一步简化了分割方法，在用移植管将细胞团移出透明带后，用玻璃针切割，再用同一移植管装入透明带，减少了显微操作仪控制的玻璃管的数量，只需 3 种玻璃器具，实验结果也令人满意。Nagashima 等先用链霉蛋白酶软化透明带后，再用玻璃针分割小鼠胚胎，也获得了令人满意的结果。

（2）Williams 分割法。在显微操作仪下，先用显微玻璃吸管固定胚胎，再用显微手术刀在透明带上做一切口，并在透明带内将胚胎细胞分为两部分。分割后，用吸管从透明带中吸出一枚半胚，并将其装入另一枚空透明带中。半胚经培养或立即移植，受胎率很高。在胚胎分割研究中，Williams 的研究为现代商品化显微切割系统的成型奠定了基础。显微刀片分割的方法简便，且目前胚胎显微分割系统的成型产品不断完善，可以装入提箱内在牧区就地切割胚胎，从而大大促进了胚胎切割的商业化进程。

（3）铃木分割法。在含有大分子物质的溶液（如蔗糖溶液）中分割胚胎，这是由于将胚胎切开后，这些大分子物质会填充到两切割面之间，而不会渗入细胞内，可将两切割面分开而防止再黏合。首先用显微吸管固定住胚胎，从吸附点对面用显微外科刀分割，不需要从透明带内取出细胞而直接进行移植。此法的最大特点是透明带内切割后直接移植，对同卵双生乃是快捷有效的方法。

（4）显微吸管分离法。此法是 Yang 等在 1985 年进行兔胚胎分割时发明的。若单纯从胚胎分离方法上看，此法与 Willadsen 分割法相似。该方法是借助于显微操作仪，在无钙、镁离子的培养液中，用微吸管吸引固定胚胎，用分离吸管穿过胚胎的透明带，吸取卵裂球或细胞团的一半，另一半留于透明带内，吸出的一半装入备用透明带，然后进行移植。此法使兔胚分割变得更容易，应用于其他动物胚胎分割时也降低了难度。

（5）徒手分割法。该方法多用于晚期桑椹胚或囊胚期胚胎的分割。分割时，对胚胎透明带不进行任何技术处理，也不使用显微操作仪，在实体显微镜下，手持显微手术刀或玻璃针将整个胚胎分割为二。

Rorie 等用玻璃磨制成 3 μm 微粒的毛玻璃片，分割时将完整胚胎或去透明带胚胎放入毛玻璃片上的小液滴中，在立体显微镜下，用止血钳夹住，用刮胡刀片磨成的显微分割刀片，垂直分割。

在用显微玻璃针进行徒手分割时，将直径为 0.5 mm 的硬质玻璃棒拉成 110°双折角的胚胎分割针，然后将胚胎置于塑料培养皿内的小液滴中，手持玻璃针，以平行于皿底的针尖部抵住胚胎，沿胚胎纵轴垂直向下连同透明带一起将胚胎均分为两部分。

窦英忠等徒手分割奶牛二分胚和四分胚时，在立体显微镜下，将胚胎移于塑料培养皿内的液体中，先徒手用显微手术刀切开透明带，再用直径略小于胚胎的微玻璃管（80 μm）吹吸几次，使内团细胞由透明带脱出，然后手持玻璃针由上向下将裸胚一分为二，再将半胚一分为二，并尽量将胚胎均等分为四部分。分割胚不再重新装入透明带，而直接移给受体。为避免胚胎在皿底滚动，可将皿底划线使其粗糙。

（三）胚胎分割注意事项

1.透明带

对于分割胚体内外发育的作用透明带为哺乳动物胚胎所特有的结构，其主要作用是阻止异种动物精子受精和同种动物的多精子受精，以及保护受精卵在输卵管和子宫内正常运行，防止输卵管和子宫液的伤害及白细胞的吞噬，并使分裂阶段的卵裂球互相靠近，不致分离。早期胚胎在体内发育必须有透明带，Modlinski 等指出，没有透明带的胚胎容易粘到输卵管的管壁，不能进一步分裂。

分析分割胚胎移植妊娠率，发现胚胎分割时所处的发育阶段越早，对透明带的依赖性越强；晚期桑椹胚和囊胚有无透明带都可获得较一致的半胚妊娠率和出生率，而早期桑椹胚，装入透明带的半胚比不装入透明带的半胚妊娠率高。

在半胚的冷冻保存试验中，透明带的有无对胚胎的存活有很大影响。

Niemann 等（1986）冷冻牛囊胚和桑葚胚半胚时发现，包有透明带的半胚冷冻，解冻后移植的妊娠率显著高于无透明带的裸露半胚。

综上所述，透明带对半胚的体外发育没有影响。透明带的保护作用主要发生在冷冻－解冻过程中。

2. 胚胎发育阶段

对分割胚发育的影响试验证明，不同发育阶段的胚胎，经分割后，其发育潜能是有差异的。Williams 等在进行牛的胚胎分割试验时发现，来自囊胚的半胚移入受体后，其妊娠率和胎儿成活率都高于来自桑葚胚的半胚。这可能是由于分割时，桑葚胚的细胞连接比囊胚阶段胚胎细胞之间的连接更容易遭到破坏，而影响了分割胚胎的进一步发育。

3. 胚胎分割

人们总想从有限的胚胎得到尽可能多的后代，因此将胚胎二分、四分甚至八分。有研究人员将牛的桑葚胚和囊胚四等分后移植给受体，只得到一个四分胚后代，四分胚的成活力远远低于二分胚。研究结果发现，随着分割次数的增多，单独分割胚所含细胞数目下降，而发生凋亡的细胞数目相对增多，尤其是内细胞团细胞凋亡现象尤为明显。这说明，胚胎分割有一定的限度，在现有胚胎的培养条件下，随着分割次数的增多，分割胚的成活力会逐渐下降。

4. 操作液

大多数研究都用含 10%~20% 血清的 PBS 液。有人认为在 12.5% 的蔗糖液中分割胚胎时细胞发生皱缩，容易分割。但也有研究证明，有无蔗糖对分割胚的移植妊娠率无影响，甚至蔗糖的存在还影响分割胚发育。

5. 分割胚冷冻保存

经过胚胎性别鉴定的胚胎如能进行冷冻保存，可大幅度扩大优良种畜胚胎的利用时间和空间，更能发挥出胚胎移植技术在生产实践中的作用。胚胎分割或胚胎取样后，因为分割过程引起的透明带损伤和胚胎细胞数量减少，分割后胚胎经冷冻－解冻后在体内和体外发育能力进一步降低，其移植妊娠率低于完整的冷冻胚胎。鉴于此，冷冻时应该采用不同于整胚常规冷冻的方法。

6. 半胚移植数量与受体妊娠率的关系

研究表明，受体受胎率随半胚移植数目的增加而增加，对多胎动物尤其如此。当然，这里所说的半胚数的增加是在各种动物妊娠的合理数目之内，如牛为两枚。

Brang（1977）统计单胚移植（整胚）和双胚移植的平均妊娠率，分别为 56.5% 和 74%。

除上述影响分割胚发育的因素外，品种差异、分割方法、胚胎质量、体外培养条件、受体状况、移植部位与时间、胚胎性别等都可能影响分割胚的发育。这些都是胚胎分割中有待解决的问题，也是胚胎分割中应该注意的问题。

七、胚胎冷冻保存

胚胎冷冻保存就是将动物的早期胚胎，采用特殊的保护剂和降温措施进行冷冻，使其在 -196℃ 的液氮中代谢停止或者减弱到足够小的程度，但又不失去升温后恢复代谢的能力，从而能长期保存胚胎的一种生物技术。将胚胎进行冷冻保存，可随时对其利用，以便于试验研究，并有利于促进冷冻生物学的基础研究；可为地方优秀畜种和珍稀濒危野生动物保护提供新的途径，建立优良种质资源库；可控制品种内的遗传稳定性和维持某些近交系动物的遗传一致性，保存稀有的基因或突变体；实现了远距离的运输，以代替活体运输和检疫，从而可以节省大量资金，同时还可以减少活体运输中的疫病传染。冷冻胚胎的移植与鲜胚的移植相比，在供体和受体的选择、发情时期、饲养条件等方面都具有一定的优势，这也决定了胚胎冷冻在胚胎工程中的重要地位。

（一）胚胎的冷冻原理

胚胎冷冻保存是将胚胎保存在 -196℃ 的液氮中，包括胚胎在冷冻保护剂中达到平衡状态、冷却到 0℃ 以下诱导结晶、保存于液氮中以及将冷冻胚解冻等过程。冷冻和解冻过程均可能导致胚胎细胞损伤或死亡。当细胞的温度从体温降到某一特定的温度后，再恢复到体温时，会发生许多物理和生物学上的变化。胚胎在冷冻过程中，细胞内会形成冰晶，细胞内冰晶可机械性损伤胚胎细胞。同时，细胞内冰晶使细胞质浓缩，导致蛋白质脱水变性、破坏蛋白质的结构，使其发生不可逆的变化，导致胚胎细胞死亡。为了减少细胞内冰晶的形成，在胚胎冷冻过程中常常加入冷冻保护剂，由于冷冻保护剂的作用，冰点降低，在 -15~5℃ 条件下细胞仍不结冰。随着温度的继续下降，细胞外冷冻保护剂首先形成冰晶，由于处于超冷状态，冰晶迅速聚集，导致细胞外渗透压增加，使细胞内过冷细胞质与细胞外变浓的冷冻保护剂之间出现渗透压不平衡，为了维持渗透平衡状态，可使细胞内水分渗出到细胞外，或使细胞质内水分形成冰晶，使细胞质浓缩，这两种情况维持一个适当水平对胚胎冷冻的成功至关重要。同时，冷冻速度对维持这种平衡的影响也很大，若降温过慢，细胞长时间处于高渗环境中，易使细胞脱水导致细胞皱缩；反之，如果降温过快，细胞内水分来不及渗出，细胞内就会形成大量的冰晶而导致胚胎细胞死亡。另外，由于大量冰晶快速形成和聚集引起瞬间温度升高，也可能导致胚胎细胞的损伤。当然在胚胎冷冻过程中不可避免要形成细胞内冰晶，但只要不形成足以使其致死的大冰晶，而仅形成微晶，胚胎细胞就不会受到致死性损害。因此胚胎冷冻保存的关键在于避免超冷现象的出现，减小或避免形成细胞内冰晶。为了防止细胞内冰晶的形成，避免超冷现象的出现，选择合适的冷冻保护剂和采用最佳的冷冻方法尤为重要。在胚胎冷冻前，将其放入冷冻保护剂中平衡一段时间，一方面通过一些小分子化合物渗入细胞中，使细胞质黏性增加，减弱了细胞内水分的结晶过程，从而有效地保护胚胎。另一方面，在冷冻保护剂中加入大分子物质，可以降低冷冻过程中胚胎细胞内、外的渗透压差。在采用慢速冷冻方式冷冻保存胚胎时，在其脱水前采用诱导结晶的方法及时启动脱水过程，即在较高的零下温度时诱导结晶逐渐扩散至整个溶液，潜热缓慢地释放，减小对胚胎造成的损害。目前研究者多采用玻璃化冷冻方式，是使胚胎在高浓度的渗透性玻璃化液中脱水，在低温状态下胚胎内不形成冰晶，从而使胚胎细胞在急剧降温过程中得到保护。

（二）冷冻保护剂的种类

为阻止冷冻时胚胎细胞内形成致死冰晶，必须在冷冻液中加入一定量的冷冻保护剂。目前应用的冷冻保护剂很多，主要有以下 3 类。

1. 低分子量渗透性冷冻保护剂

低分子量渗透性冷冻保护剂主要有甲醇、乙二醇、1，2- 丙二醇（PROH）、2，3- 丁二醇、二甲基亚砜（DMSO）、甘油、乙酰胺等。这类冷冻保护剂不仅能够保证细胞内水分的及时脱出，而且能降低溶液的凝固点，这样使胚胎有更多的时间把细胞内的水分脱出，避免细胞内形成冰晶。并通过与胚胎的平衡，替换出细胞内的部分水分，这样减少细胞内形成冰晶。但是它们对胚胎有毒害作用，尤其在高浓度或高温下毒害作用更大。

2. 非渗透性冷冻保护剂

在胚胎冷冻过程中，当渗透性保护剂进入胚胎细胞内后，会导致胚胎细胞的渗透膨胀，对其造成损伤。当冷冻胚胎解冻时，冷冻保护剂从细胞内排出的同时，水分会从胚胎细胞外渗入细胞内，但水分从胚胎细胞外渗入细胞内的速度比冷冻保护剂排出细胞外快得多，这就会导致胚胎细胞膨胀而损伤胚胎。为此，在胚胎冷冻、解冻过程中，加入非渗透保护剂来帮助调节细胞内外渗透压，使胚胎细胞少受损伤就显得尤为重要。迄今为止，人们所利用的非渗透性冷冻保护剂主要有蔗糖、海藻糖、棉籽糖、聚乙烯吡咯烷酮、白蛋白等大分子物质，在胚胎冷冻过程中，它们并不进入细胞，而是通过提高细胞外液的渗透压，使细胞内的水分外流，从而减少胚胎冷冻过程中冰晶的形成和解冻过程中细胞外水分的过快流入。在冷冻过程中，非渗透性冷冻保护剂与渗透性保护剂联合使用，可以降低平衡阶段渗透性休克的发生；解冻时，稀释液中含有该类保护剂，可为细胞提供高渗环境，防止水分进入细胞过快而引起细胞膨胀破裂。但是，加入渗透性保护剂后有可能通过渗透、皱缩对胚胎细胞造成损伤。因此，在冷冻过程中如何调整渗透性冷冻保护剂和非渗透性冷冻保护剂的浓度，既能避免渗透膨胀，又能避免渗透皱缩的发生，减少渗透性损伤是众多研究者所关心的问题。

3.抗冻蛋白（Antifreeze protein，AFP）

抗冻蛋白是最早发现于极地海洋鱼类中的一种蛋白质，能降低体液冰点，并通过吸附于冰晶的表面而有效地阻止和改变冰晶生长。AFP在冷冻过程中可以抑制冰晶的形成，保护细胞免受损伤。AFP还能保护细胞膜，封闭离子通道，阻止溶液渗透，从而保护膜的完整性。目前，在植物、昆虫、细菌和真菌均发现并分离出抗冻蛋白，但其活性存在一定差异，应用也不多，但如能成功应用于玻璃化冷冻中则有可能使胚胎冷冻保存技术上一个新的台阶。

（三）胚胎冷冻保存方法

1.慢速冷冻法

慢速冷冻是最早建立起来的哺乳动物胚胎冷冻方法之一，一般使用较低浓度的冷冻保护剂（如甘油），以低于 $0.2 \sim 0.5 \ ℃ /min$ 的速度将温度降低到 $-70 \sim -40℃$（小鼠）或 $-120 \sim -60℃$（牛），然后在该温度下将胚胎投入液氮。慢速冷冻法的优点是脱水完全，缺点是比较费时，并且保护剂对胚胎作用时间较长，毒性大。解冻时，将胚胎迅速移入 37 ℃的温水中，进行快速解冻，多步脱除冷冻保护剂。该法目前已经不再应用。

2.常规冷冻法

尽管哺乳动物胚胎冷冻保存技术已经出现多年，冷冻技术的研究也取得了很大的进步，但是到目前为止，常规慢速冷冻法仍然是哺乳动物胚胎冷冻保存的主要方法。此方法选择较低浓度的渗透性冷冻保护剂，采用缓慢降温和快速解冻的方法来冷冻保存胚胎。常规慢速冷冻法可分为以下几个步骤。①将质量优良的胚胎用 PBS 液洗 3~5 遍。②先放入 0.7 mol/L 甘油中，再放入 1.4 mol/L 甘油中平衡，每步平衡 7~10 min。③将平衡后的胚胎放入 625 mL 细管中，要求装 2~3 段抗冻液。各段抗冻液之间以小气泡隔开，胚胎在中间一段中。④将细管放入预先冷却至 −7℃的冷冻器中，平衡 10 min。⑤以 0.3 ℃/min 的速度，将温度降至 −35 ℃。⑥将细管投入液氮中。⑦解冻。解冻时，首先从液氮中取出细管，在空气中平衡 10~20 s，将细管插入 35 ℃水浴中，至冰晶融化后取出。再用三步法脱除甘油，每步 5~7 min，最后用 PBS 将胚胎洗 3~5 遍，进行移植。

3.快速冷冻法

快速冷冻法就是将胚胎放在一定浓度的保护剂内预先脱水，再以 1 ℃/min 的速度降温，在 0 ℃平衡 10 min，−7 ℃诱发结晶，当温度降至 −40~25 ℃时，将胚胎直接投入液氮中进行保存。由于降温速度较快，胚胎脱水不充分，冷冻后细胞内外都有冰晶形成，从而对胚胎造成的机械损伤较大，该法目前已较少用。

4.直接冷冻法（一步细管法）

直接冷冻法是指胚胎解冻后，不需要脱除保护剂而直接移植的方法，它是由常规冷冻法改进的。Takeda 等（1984）首次采用甘油和蔗糖作为胚胎冷冻保护剂，将脱水后的小鼠胚胎直接投入液氮冷冻保存，解冻后囊胚发育率为 61%~65%。牛胚胎直接冷冻大多采用甘油和蔗糖混合物作为冷冻剂，一般认为蔗糖和甘油的最佳浓度分别为 0.25~0.50 mol/L 和 1.4~4.0 mol/L。Chupin 用 2.8 mol/L 甘油和 0.25 mol/L 蔗糖作保护剂，将牛胚胎直接投入液氮冷冻，解冻后胚胎发育率达 50%。此后，有人对 Chupin 法加以改进，于冻前将胚胎在液氮罐颈部预冷 5 min 后，再投入液氮冷冻，解冻后胚胎发育率达 67.6%。国内刘伯宗用直接法冷冻山羊胚胎获得成功。贺文杰等又对此进行了深入研究，指出在冷冻牛胚胎时，细管内直接装入一份保护剂和三份稀释液，解冻后轻敲细管，使管内溶液混合，保护剂被高度稀释，则可将胚胎直接移植。

5. 玻璃冷冻法

玻璃化冷冻保存是指通过冷冻过程中形成玻璃样物质来减少细胞内外冰晶的形成，以保护胚胎的一种冷冻方法。这种方法采用快速降温和高浓度的冷冻保护剂，使冷冻过程中溶液变得十分黏稠和坚固，不形成冰晶。自从 1985 年 Rally 和 Fahy 首次用玻璃冷冻法冷冻小鼠胚胎获得成功，玻璃化冷冻技术就成为学者们的研究热点。目前，玻璃化冷冻技术不仅能成功地冷冻保存多种哺乳动物的胚胎，而且能冷冻保存对低温敏感性高的卵母细胞。

影响胚胎玻璃化冷冻保存效果的两个关键因素是冷冻保护剂和冷冻速度。只有最大冷冻速度和最低冷冻保护剂浓度之间达到平衡，才能获得好的冷冻效果。要在一定的冷冻速度下形成玻璃化状态就需要高浓度的冷冻保护剂，但是浓度过高的冷冻保护剂又会对胚胎产生毒害。不同种冷冻保护剂形成玻璃化的能力和对胚胎的毒性也不一样。因此寻找毒性低、形成玻璃化能力强的玻璃化冷冻液成为胚胎玻璃化冷冻研究的热点之一。大量研究表明把不同种类的冷冻保护剂组合成玻璃化冷冻液，能达到降低冷冻保护剂对胚胎毒害作用，提高玻璃化冷冻效果的目的。

冷冻速度是形成玻璃化状态的另一个关键因素，提高冷冻速度可以使玻璃化溶液中冷冻保护剂的浓度降低，降低冷冻保护剂对胚胎的毒害作用。起初，胚胎的冷冻载体采用 0.25 mL 或 0.5 mL 的细管，直接投入液氮中。为提高胚胎的冷冻速度，研究人员发明了许多新的冷冻载体。Vajta G 等发明了 OPS 法，Lane M 等采用了冷环法，Liebermann J 等发明了 FDP 法，Vanderzw almen P 等发明半管法，Son W Y 等采用电镜铜网法（electron microscopy copper grids），Bagis H 等利用金属表面法（metal surface），Niasari Naslaji 采用电泳上样吸头法。这些新型冷冻载体都极大地提高了冷冻速度，不同程度地提高了玻璃化冷冻效果。

几种比较成功的玻璃化冷冻法如下。

（1）两步玻璃化法。

最初由 Kasai 运用于小鼠 8- 细胞进行冻存，体内外培养都获得较高的成活率。其玻璃化液组成是 25% 甘油、25% 丙二醇。但此液用于冷冻牛胚胎仅桑椹胚获得成功；若用于体外生产的牛胚胎的冻存，发现比用程序化冷冻的成活率高（72% ：38%）。两步玻璃化液的组成由 40% 乙二醇、18% 聚蔗糖和 0.26% 蔗糖组成。冷冻步骤分两步进行：冻存前胚胎在 0.8 mL 的 20% 乙二醇液里平衡

3 min，然后移到 0.8 mL 的玻璃化液中短暂停留，再装入 0.25 mL 冻精细管，在 30~45 s 内投入液氮罐中保存。解冻时在 20 ℃的水浴中停留 10 s，解冻后胚胎在 0.7 mL 的 8.5% 蔗糖中洗脱保护剂。体外生产的牛胚胎对程序化慢速降温具有高敏感性，解冻后成活率低。利用两步玻璃化法冷冻牛体外生产胚胎，获得了较高的成活率，而且大大提高了保护剂对各个发育阶段胚胎的保护能力。这表明了通过提高降温速率可以减少胚胎在冷冻时造成的低温损伤。通常冻存后的胚胎的透明带在水浴中比在空气中易损伤，在最近胚胎冷冻技术中都采用在投入水浴解冻前先在空气中停留 10~15 s，以减少透明带在水浴中的损伤。1997 年，朱士恩用两步法冷冻兔扩张囊胚，得到 89%~90% 的发育率，妊娠率为 29.2%。丁家桐采用此法冻存山羊胚胎，妊娠率、产羔率分别为 61.5% 和 40.0%。液氮中保存 3~4.5 年的山羊桑椹胚、囊胚解冻后发育率为 38.6%、47.6%。

（2）开放式拉管法。

开放式拉管法是一种快速和超快速降温的玻璃化法，是丹麦人 Vajta G 于 1997 年发明的，它使用拉得很细的薄壁细管，利用毛细现象，将极微量冷冻液滴连同胚胎一起吸入毛细管内后，直接投入液氮。OPS 法与传统玻璃化冷冻法相比具有快速的升温和降温速率，从而减少冷冻损伤；操作简便，可迅速装管和解冻以及去除保护剂；胚胎处于 OPS 管中，在少量的高浓度保护剂中冻存，有利于减轻冷冻保护剂对胚胎的毒性。Kong 等在 2000 年用 OPS 法冷冻保存了小鼠的囊胚，解冻后孵化囊胚率达 88.7%。Oberstein 采用 OPS 法以 16.5% EG 和 16.5% DMSO 并辅以蔗糖成功的保存了马的胚胎。Gayar 采用 OPS 法冷冻的山羊胚胎解冻后进行移植，得到 100% 的移植妊娠率（4 d）和 64% 的胚胎成活率。OPS 法操作简便、有效，便于野外实施，并较普通的玻璃化法进一步提高了降温速率，减少了冷冻造成的细胞损伤。

（3）冷环玻璃法。

这种方法具有降温速度快的优点，最初应用于小鼠和人囊胚的冷冻保存。随后，Oberstein 在马胚胎的冷冻中做了适当的改进。玻璃化液的组成是：17.5% DMSO 和 17.5% 乙二醇，再辅以 1 mol/L 蔗糖及 0.25 mol/L 聚蔗糖。操作分两步：先将胚胎置于 7.5% DMSO 和 7.5% 乙二醇混合液中处理 2.5 min，然后将胚胎移到附有玻璃化液的尼龙膜环上，再将环投入浸在液氮中的冷冻管内，胚胎接触保护液到投入液氮的时间为 20~30 s，环的直径为 0.5~0.7 mm，固定在具有小磁球的不锈钢锥顶上。实验表明，马胚胎利用冷环玻璃法冻存，解冻后胚胎分级和活细胞数与程序化冷冻效果类似。利用冷环玻璃法冷冻大鼠胚胎，有41%的胚胎正常发育。

（四）半胚冷冻

半胚冷冻就是把胚胎一分为二后的一半胚胎进行冷冻，以便进行长期保存。由于把胚胎分割技术与胚胎冷冻保存技术结合起来，因而可以充分发挥这两种技术的优势，还有可能获得不同同龄的同卵双生，为生理学等学科的研究提供更有价值的试验材料，在畜牧业生产和研究领域具有广阔的应用前景。

切割后的胚胎冷冻保存研究始于1980年，Willadsen首先将胚胎分割技术与胚胎超低温冷冻技术结合起来，获得了绵羊半胚冷冻保存的3只活羔羊。1983年，Lehn-Jensen和Willadsen获得了冷冻半胚移植的犊牛，即将5~6 d的牛早期桑椹胚切割后，装入透明带，琼脂包埋后在结扎的绵羊输卵管内短时间培养后再冷冻，其解冻后半胚的成活率70%。但这种方法操作比较烦琐，容易造成胚胎丢失。1986年，Niemann将牛半胚裸露冷冻获得成功，并且移植后母牛产仔，但受胎率较低。1991年，Herr等冷冻经过显微操作的无透明带胚胎，获得了较高的移植受胎率（63%）。柏学进等对奶牛半胚裸露冷冻进行了试验研究，获得了82.4%（14/17）的较高培养存活率；张勇等分别于1990年、1991年、1993年对小鼠和山羊的半胚冷冻技术进行了详细深入的研究，取得了明显的效果。

由于胚胎经分割后，透明带破损，内细胞团也受到一定程度的切割损伤，因而切割后的半胚存活率低于未经过切割的正常胚胎。

研究表明，在进行半胚冷冻前用透明带或琼脂等材料包埋半胚，有利于提高半胚的冷冻效果。Niemann在冷冻牛囊胚和桑椹胚半胚时也发现，包有额外透明带的半胚冷冻－解冻后移植的妊娠率显著高于不加额外透明带的半胚。在小鼠的半胚冷冻研究中也发现包有透明带的半胚的成活率显著高于裸半胚的成活率。还有人研究发现，有透明带的分割胚比无透明带的分割胚对冻－融有更高的抵抗力。

由于胚胎分割会对胚胎造成不同程度的损伤，尤其是对细胞的损伤，因此冷冻前的恢复培养对半胚的冻后存活率就变得十分必要。1988年，Chesne等发现牛胚胎切割后直接冷冻，受胎率较低，在冷冻前培养4~6 h，可提高受胎率。有报道称牛半胚在体外培养3~4 h可获得较高的受胎率（58.3%）。柏学进等报道奶牛裸露半胚冻前培养1 h，获得了82.4%的较高存活率。

侯世忠等于 1994 年对小鼠的半胚在冷冻前进行了多种不同的处理，其中，冷冻前不培养、冷冻前经短时间培养和冷冻前经长时间培养的冷冻半胚解冻后，培养发育率分别是 14.55%、26.67% 和 6.12%。此试验表明半胚冷冻前培养的时间是影响冻后半胚存活率的关键因素，这可能是由于短时间培养促进了半胚细胞的增殖，并可使分割过程中由于分割工具机械力作用而沿分割轴线发生的非生理性位移的细胞，恢复到正常生理位置，使受损的细胞膜、细胞器和细胞骨架系统得以修复。相对的，培养时间过长则会使胚胎细胞间的结构松弛而趋于退化，不利于半胚的冻后存活。

半胚的冷冻原理和胚胎的冷冻原理相同，但由于半胚对温度比整胚更加敏感，冷冻保护剂对半胚不同包被材料的渗透速率也不同。因此，与冷冻胚胎相比，冷冻半胚需要哪些特殊条件，还需深入研究。

八、胚胎的解冻

冷冻保存的胚胎在需要鉴定其活力、进行体外培养或移植以及其他使用之前，必须解冻并脱除其冷冻时使用的保护剂，使胚胎复水，恢复其冷冻前的形态和大小。

（一）胚胎解冻

胚胎解冻的方法概括起来有两种，即慢速解冻和快速解冻。

慢速解冻法通常是以 4~25 ℃ /min 的速率使胚胎由冷冻保存温度逐渐升至室温，一般适用于慢速冷冻的胚胎。但也有人指出，若胚胎冷冻时是降温至 -30~-40 ℃后投入液氮保存，解冻时必须以相对快的速率进行才能存活；若是降温至 -65 ℃以下再投入液氮保存，则必须缓慢解冻。实际上，冷冻胚胎缓慢升温，当温度由 -196 ℃回升到 -50 ℃时仍可能形成细胞内大冰晶而致死胚胎。

快速解冻法通常是以 300~360 ℃ /min 的速率，使胚胎在 30~40 s 内从 -196 ℃迅速升至室温。这样，胚胎能在瞬间通过危险性致死温区，避免细胞内大冰晶形成，从而有效地保护了胚胎。快速解冻尤其适用于快速冷冻的胚胎。应用玻璃化法冷冻胚胎时，降温速度极快，当解冻速率低于 300 ℃ /min 时可产生去玻璃化而杀死胚胎。试验证明，冷冻胚胎的快速解冻优于慢速解冻，目前常用快速解冻法。快速解冻通常采用温水浴法，即将装有胚胎的塑料细管由液氮中取出，直接（或在空气中停留 5~6 s）投入 20~35 ℃的温水中，1 min 即可完成解冻过程。也有人认为牛胚胎在空气中解冻或在空气中停留片刻后投入温水，解冻后胚胎的透明带损伤最小。Yang 等用 37 ℃温水解冻胚胎也获得较高的存活率。解冻水温最高有用到 40 ℃的，完成解冻过程所需时间最少的仅需 15 s。另有报道用甘油和丙二醇对大鼠胚胎进行冷冻后，以 4 ℃水浴解冻，所得胚胎的培养发育率高于用 20 ℃水浴解冻所得结果。

（二）脱除保护剂

解冻后的胚胎必须尽快脱除保护剂。一方面由于保护剂对胚胎有一定毒性，常温下毒性更大；另一方面由于胚胎含有较高浓度的保护剂，如果直接移植给受体或移入培养液等，因细胞内外存在较大的渗透压差，胞外水分将会快速渗入细胞而导致过度渗透性膨胀，甚至导致细胞崩解。只有当保护剂被脱除，使胚胎复水，移植后或进行体外培养，胚胎才能继续发育。许多试验也证实，胚胎若不脱除保护剂直接移植，受体难以受胎。但也有报道，用丙二醇平衡处理冷冻小鼠或牛的胚胎，解冻后不除去保护剂也能得到较高的存活率。

胚胎解冻后脱除保护剂的方法主要有 3 种：经典的方法是用浓度递减的保护液逐步稀释脱除，这种方法烦琐费时，但较为有效；第二种方法是应用较高浓度的非渗透性保护液一步或经两步脱除，常以蔗糖作为溶质，目前使用较多，但使用浓度很不一致；还有一种方法就是在脱除保护剂的过程中逐渐升温，这种方法主要是基于保护剂随温度升高而渗透性增大的特性。在脱除保护剂的过程中同时发生两种物理变化，即保护剂的渗出和水分子的渗入。蔗糖在稀释细胞内保护剂时起缓冲渗透压的作用，它维持了细胞外液较高的渗透压，使细胞内保护剂渗出的同时，控制细胞外水分渗入的速度和渗入量，从而防止因水分的迅速渗入而导致细胞过度膨胀，减少细胞渗透性休克现象的发生和细胞破裂。玻璃化一步冷冻的胚胎，由于细胞内保护剂浓度比快速冷冻时高得多，一般用二步脱除法效果较好，一步脱除法似乎不能使保护剂充分脱除，但也有一步脱除取得较好结果的报道。这可能与所用保护剂的种类、浓度、冻前平衡时间及脱除保护剂时所用蔗糖液的浓度和脱除时间等因素有关。除了用不同浓度的蔗糖溶液脱除保护剂以外，也有用海藻糖和棉籽糖等代替蔗糖的报道。

另外，Leibo 等（1982）提出一步细管法，即冷冻时将防冻保护液及解冻液定量分装在细管内的不同部位,解冻时使胚胎解冻和脱除保护剂一步完成,解冻后可直接进行移植。目前人们对这一方法继续进行试验研究,并试图筛选出无须脱除即可直接移植的保护剂。这一方法的不断完善或选择出更好的保护剂,无疑将给生产应用带来许多方便,使胚胎冷冻及冻胚移植技术得以推广应用。

九、胚胎冷冻效果的鉴定

冷冻胚胎解冻后,必须对其活力进行检测,才能确定其是否适于移植,同时可作为胚胎或半胚冷冻和解冻方法优劣的衡量手段。

(一)形态学鉴定

胚胎解冻后在实体显微镜下观察,若它能恢复到冻前的形态,透明带适中,胚内细胞致密,细胞间界线清晰,则可认为是存活的胚胎,适于移植。若透明带有轻度破损,胚胎细胞基本保持完整,或胚内大部分细胞形态正常,可观察出细胞质间界线,仅有少数细胞崩解成小颗粒的胚胎仍可移植,其中一部分仍可发育成正常胎儿。若透明带破裂、内细胞团松散、胚内细胞变暗或变亮呈玻璃状,以及进入解冻液后不能扩张恢复到冻前大小或整个胚胎崩解,均为胚胎在冷冻或解冻过程受到严重损害而失去活力。

(二)染色法

染色法有荧光染色法和台盼蓝染色法。荧光染色法以二乙酰荧光素作为荧光原,此物在酶的作用下可出现荧光产物。游离的荧光素是一种基础的荧光染料,在酯化状态下无色,脂化物水解后会产生荧光。未受损害的细胞,酶的活性很强,细胞膜完整。进入细胞的荧光素在酶的作用下,脂化物水解显示荧光,由于细胞膜完整,荧光物质不会很快从细胞中游离出来,所以在荧光显微镜下,活力愈强的细胞显示出淡绿色的荧光愈强,死亡或活力降低的细胞不发荧光或仅有微弱的荧光。

台盼蓝染色法以0.5%的台盼蓝溶液染色3~5 min,清洗后在显微镜下观察,有活力的细胞不着色,死亡的细胞充满着台盼蓝着色颗粒。

(三)培养鉴定

将冷冻胚胎解冻后,置于37℃的培养液(如PBSS)中培养6~12 h,能继续发育者为存活胚胎。当无体外培养条件时,可将解冻后的胚胎置于结扎的兔输卵管内，在兔体内培养 12~24 h，再从输卵管内冲出来，检查发育情况，存活的胚胎能进一步发育，死亡的胚胎则否。

（四）移植检验

解冻后的胚胎，根据受体的妊娠率和产仔率计算胚胎的存活率是最直接可靠的检验方法。轻度受损的胚胎用间接检查法检查时，可能表现为存活的胚胎，但发育潜力可能已经受到损害，这种胚胎移植后也可能妊娠，但当胚胎发育到某一阶段时就可能死亡，造成妊娠中断。

参考文献

[1 刘源壹，李昕俞，巴音那木拉，等 . 单细胞转录组测序技术及其在动物繁殖中的应用进展 [J]. 畜牧兽医学报，2023, 54(2):421-433.

[2] 许惠艳，陆阳清 . 结合科研实验平台开展本科实验项目的实践与思考——以"动物繁殖学"创新实验项目为例 [J]. 教育教学论坛，2022（44）：106-109.

[3] 许惠艳，陆阳清 . 虚实结合的动物繁殖实践教学方法改革研究 [J]. 实验科学与技术，2022，20（5）：89-94.

[4] 杨笛，陈婉依，宫泽儒，等 . 光周期对雄性哺乳动物季节性精子发生的影响及其调控机制 [J]. 野生动物学报，2022，43（4）：1131-1138.

[5] 李彬，王卫军，王扬帆，等 . 棘皮动物育种数据管理与分析平台的开发及应用 [J]. 海洋与湖沼，2022，53（5）：1225-1233.

[6] 高月锋 .n-3 多不饱和脂肪酸对雌性动物繁殖性能的影响 [J]. 现代畜牧兽医，2022（9）：47-51.

[7] 王悦，郑云曦，徐松松，等 .Wip1 基因对动物繁殖及免疫的调节作用 [J]. 中国畜牧兽医，2022，49（9）：3500-3507.

[8] 李文通，严善英，吴添文 . 代谢组学在动物育种中的应用现状与前景展望 [J]. 中国农业科技导报，2022，24（7）：39-45.

[9] 宋海杰，张彦华，张娜，等 . 脂联素及其受体对动物繁殖机能调控研究进展 [J]. 中国家禽，2022，44（6）：94-99.

[10] 赵淑琴，韩亚轩，鲁巨贵，等 . 褪黑素与内源生物钟介导的哺乳动物季节性繁殖机理研究进展 [J]. 中国畜牧杂志，2022，58（11）：65-72.

[11] 李艳艳 . 烯丙孕素内服溶液的临床药理学与靶动物安全性研究 [D]. 扬州：扬州大学，2022.

[12] 刘颖 . 奶山羊非繁殖季节与繁殖季节卵巢组织转录组测序及差异表达基因筛选分析 [D]. 咸阳：西北农林科技大学，2022.

[13] 陈羿何，李欣淼，彭巍，等．三维基因组学在动物遗传育种中的研究进展 [J]．中国生物工程杂志，2022，42（4）：78-84.

[14] 李和平．科技前沿知识追踪与思政教育相融合的人才培养策略——以东北林业大学"动物遗传育种与繁殖 Seminar"课程教学为例 [J]．黑龙江动物繁殖，2021，29（1）：53-57.

[15] 卢小宁，崔晗晗，巩慧荣，等．催乳素受体（PRLR）基因在动物遗传育种中的研究进展 [J]．当代畜禽养殖业，2020（12）：3-4.

[16] 莫肖桓．生物技术在动物繁殖、育种和饲料生产中的应用分析 [J]．畜禽业，2020，31（11）：30+32.

[17] 张敏，郑文新，宫平，等．浅析动物遗传育种与繁殖的创新发展 [J]．吉林畜牧兽医，2020，41（4）：136-137.

[18] 王娅娜．动物遗传育种与繁殖的发展与创新 [J]．农业开发与装备，2020（3）：50-51.

[19] 王娅娜．动物育种中体重测量方法的应用研究 [J]．畜禽业，2020，31（3）：29.

[20] 李新正，张依盼，李聪聪，等．动物科学专业遗传育种与繁殖实验平台的建设与实践 [J]．科技创新导报，2019，16（31）：229-230.